高等院校计算机应用系列教材

Python 程序设计

黄建军　沈克永　主　编

王　葵　彭雪梅　副主编

清華大学出版社

北　京

内容简介

本书作为一本Python程序设计入门教程，从零开始，由浅入深，系统地介绍了Python程序开发所涉及的各类基础知识。书中通过大量的实例进行讲解，让初学者能够快速掌握Python的语法并能够迅速上手进行编程。本书共分12章，内容包括Python概述、Python语法基础、程序控制结构、序列、函数、字符串与正则表达式、面向对象程序设计、文件、异常处理、模块、数据库应用开发、综合案例。本书各章都配备了大量的习题，用于读者对所学内容进行练习及巩固。

本书可作为高等院校计算机专业及相关专业的教材，也可作为Python爱好者的参考用书，还可作为其他Python初学者和程序开发初学者的入门级读物。

图书在版编目(CIP)数据

Python程序设计 / 黄建军，沈克永主编. —北京：清华大学出版社，2023.1
高等院校计算机应用系列教材
ISBN 978-7-302-62471-4

Ⅰ. ①P… Ⅱ. ①黄… ②沈… Ⅲ. ①软件工具－程序设计－高等学校－教材 Ⅳ. ①TP311.561

中国版本图书馆CIP数据核字(2022)第257975号

责任编辑：刘金喜
封面设计：孔祥峰
版式设计：思创景点
责任校对：成凤进
责任印制：朱雨萌

出版发行：清华大学出版社
网　　址：http://www.tup.com.cn，http://www.wqbook.com
地　　址：北京清华大学学研大厦A座　　邮　　编：100084
社 总 机：010-83470000　　邮　　购：010-62786544
投稿与读者服务：010-62776969，c-service@tup.tsinghua.edu.cn
质 量 反 馈：010-62772015，zhiliang@tup.tsinghua.edu.cn
印 装 者：三河市东方印刷有限公司
经　　销：全国新华书店
开　　本：185mm×260mm　　印　　张：17.75　　字　　数：366千字
版　　次：2023年1月第1版　　印　　次：2023年1月第1次印刷
定　　价：79.00元

产品编号：099726-01

前　言

Python 语言自发行以来，受到了全球开发者的青睐，目前已成为最受欢迎的编程语言之一。近年来，Python 多次登上 TIOBE 编程语言排行榜前 3 位。另外，从各企业的招聘中也可以看出，企业的要求基本上是 Python、Java 或 C 语言需精通其一。

Python 语言如此受欢迎的主要原因有：①Python 简单易用，学习成本低；②Python 标准库和第三方库众多，功能强大，既可以开发小工具，也可以开发企业级应用。目前，大数据和人工智能的发展也促进了 Python 的发展，因此 Python 站在了人工智能和大数据的“风”口上。基于 Python 具有的诸多优点，越来越多的人加入了 Python 的学习当中。

目前市面上 Python 的书籍很多，本书的定位是将 Python 作为一门入门的编程语言，由浅入深、循序渐进，精选了多个领域的经典案例，案例丰富，实用性强，并且配备了大量的注释，非常适合初学者进行程序设计的入门学习。本书无星号的章节适合零基础的大学本科生作为学习程序设计的通识课教材，带星号的章节可作为 Python 高级编程技术人员的选修课。为了使读者能进一步自主进行强化训练，每章后面都提供了大量的习题，方便读者及时对所学知识进行巩固，提高学习效率。

本书共分 12 章，从各个方面对 Python 语言的知识和编程思想进行介绍，内容如下。

第 1 章 Python 概述，介绍了 Python 的发展，语言特点，安装解释器、运行程序，模块的导入与使用等内容。

第 2 章 Python 语法基础，介绍了 Python 的标识符和关键字，变量和数据类型，运算符与表达式，输入、输出语句等内容。

第 3 章程序控制结构，介绍了条件语句、循环语句、跳转语句等内容。

第 4 章序列，介绍了列表、元组、字典、集合的创建及其方法的使用等内容。

第 5 章函数，介绍了函数的定义、调用、返回值、参数，全局变量和局部变量，匿名函数及装饰器等内容。

第 6 章字符串与正则表达式，介绍了字符串的常用方法、正则表达式元字符、re 模块的主要方法等内容。

第 7 章面向对象程序设计，介绍了面向对象程序设计的基本概念、类的定义、创建对象、属性、方法、封装、继承、多态等内容。

第 8 章文件，介绍了文件的打开、读、写、关闭，以及其他各种类型文件的操作方法，os 模块等内容。

第 9 章异常处理，介绍了异常概述、异常捕获、抛出异常和自定义异常等内容。

第 10 章模块，介绍了常见的内置模块和第三方模块，以及如何自定义模块等内容。

第 11 章数据库应用开发，介绍了利用 Python 连接 SQLite、MySQL、MongoDB 数据库，以及如何操作数据等内容。

第 12 章综合案例——学生信息管理系统，介绍了利用 Python 的各种语法，包括列表、字典、文件、面向对象等知识，开发一个学生信息管理系统。

本书由黄建军、沈克永任主编，王葵、彭雪梅任副主编。

本书的编写是在南昌理工学院计算机信息工程学院领导的支持下完成的，获得了计算机信息工程学院的大力帮助，对此表示感谢。

由于作者水平有限，加之时间仓促，书中难免存在疏漏之处，恳请广大读者批评指正。

本书 PPT 课件、案例代码和习题答案可通过扫描下方二维码获取。

教学资源

作者

2022 年 9 月

目　录

第 1 章 Python 概述

Python 是一种跨平台、开源、免费的解释型高级动态编程语言，采用解释方式执行。Python 可以把多种不同的语言编写的程序融合到一起实现无缝拼接，发挥不同语言的优势，满足各种应用的需求。因此，有人喜欢把 Python 称为“胶水语言”，这是 Python 的重要特点之一。Python 语言的设计哲学为优雅、明确、简单，具有优雅的语法，高效率的数据结构，相对其他语言，有语法简洁、易于学习、功能强大等优点。由于其可以让学习者把精力集中在编程对象和思维方法上，而不用担心语法、类型等其他外在因素，所以非常适合初学者学习。本章介绍 Python 语言发展史、优缺点、安装 Python、导入库及程序结构。

1.1 Python 语言简介

1.1.1 Python 语言的发展

Python 语言自 20 世纪 90 年代初诞生至今，已逐渐广泛应用于系统管理任务的处理和 Web 编程。

Python 的创始人为荷兰人吉多・范罗苏姆(Guido van Rossum)。1989 年圣诞节期间，在阿姆斯特丹，吉多为了打发圣诞节的无趣，决心开发一个新的脚本解释程序，即 Python，作为 ABC 语言的一种继承。之所以选中 Python(大蟒蛇的意思)作为该编程语言的名字，是取自英国 20 世纪 70 年代首播的电视喜剧《蒙提・派森的飞行马戏团》(*Monty Python's Flying Circus*)。

ABC 是由吉多参加设计的一种教学语言，就其本人来看，该语言非常优美和强大，是专门为非专业程序员设计的。但是 ABC 语言并没有成功，究其原因，吉多认为是其非开放造成的。因此，吉多决心在 Python 中避免这一错误，同时，他还想实现在 ABC 中闪现过但未曾实现的东西。

可以说，Python 是从 ABC 发展起来的，主要受 Modula-3 的影响，并结合了 UNIX shell 和 C 的习惯。

现今，Python 已经成为最受欢迎的程序设计语言之一，其版本发展过程为：2000 年 10 月 16 日，Python 2 发布，稳定版本是 Python 2.7；自 2004 年以后，Python 的使用率呈线性增长；2008 年 12 月 3 日，Python 3 发布，不完全兼容 Python 2；2021 年 12 月，Python 3.10.1 发布，是目前 Python 的最新版本，对于初学者而言，Python 3.x 无疑是明智的选择。

由于 Python 语言的简洁性、易读性及可扩展性，在国外用 Python 做科学计算的研究机构日益增多，一些知名大学，如卡内基梅隆大学的编程基础、麻省理工学院的计算机科学及编程导论就采用 Python 来教授程序设计课程。另外，众多开源的科学计算软件包都提供了 Python 的调用接口，如著名的计算机视觉库OpenCV、三维可视化库 VTK、医学图像处理库 ITK。而 Python 专用的科学计算扩展库就更多了，如 NumPy、SciPy 和 Matplotlib 这 3 个非常经典的科学计算扩展库分别为 Python 提供了快速数组处理、数值运算及绘图功能。因此，Python 语言及其众多的扩展库所构成的开发环境非常适合工程技术、科研人员处理实验数据、制作图表，甚至开发科学计算应用程序。

1.1.2 Python 语言的优缺点

1. Python 语言的优点

作为目前最受欢迎的程序设计语言之一，Python 具有以下优点。

(1) 简单易学。与其他语言相比，Python 是一门简单易学的编程语言。Python 语法大多源自 C 语言，但摒弃了 C 语言中复杂的内容，结构简单，语法清晰，降低了学习难度，使编程人员更注重解决问题，而非语言本身的语法和结构。

(2) 开源。Python 自身具有很多优点，吸引了大量的人使用和研究；Python 是 FLOSS(自由/开源软件)之一，用户可以自由地发布该软件的副本，下载、复制、修改源代码并用于新的软件中。

(3) 可移植。Python具有良好的可移植性，已经被移植到许多平台上，可以在任何安装有 Python 解释器的平台中不加修改地执行。

(4) 可扩展性。Python 从高层上可以引入.py 文件，如果希望一段关键代码运行得更快，可以把部分程序用 C 或 C++编写，然后在 Python 程序中引用它们。

(5) 可嵌入。可以将 Python 嵌入 C/C++程序中，让程序用户得到“脚本”的能力。

(6) 丰富的库。Python 标准库已经很庞大，同时，Python 还有第三方库可以使用，这些库可以帮助处理各种工作，包括正则表达式、文档生成、单元测试、线程、数据库、网页浏览器、CGI、FTP、电子邮件、XML、XML-RPC、HTML、WAV 文件、密码系统、GUI(图形用户界面)、Tk 及其他与系统有关的操作。

(7) 高级语言。Python 封装较深，屏蔽了很多底层细节。例如，Python 会自动管理内存(需要时自动分配，不需要时自动释放)。因此，使用 Python 编程时，无须考虑如何管理程序使用的内存等底层细节。

(8) 面向对象。Python 既支持面向过程的函数编程，也支持面向对象的抽象编程。

2. Python 语言的缺点

任何语言都有缺点，Python 语言的缺点主要有运行速度慢和代码不能加密。

1.1.3　Python 的应用方向

1. 常规软件开发

Python 支持函数式编程和 OOP(面向对象程序设计)，能够承担任何种类软件的开发工作，因此常规的软件开发、脚本编写、网络编程等都属于标配能力。

2. 科学计算

随着 NumPy、Matplotlib、Enthought librarys 等众多程序库的开发，Python 越来越适于做科学计算、绘制高质量的 2D 和 3D 图像等工作。与科学计算领域最流行的商业软件 MATLAB 相比，Python 是一门通用的程序设计语言，比 MATLAB 所采用的脚本语言的应用范围更广泛，有更多的程序库支持。虽然 MATLAB 中的许多高级功能和 toolbox 目前还是无法被替代，但是在日常的科研开发中仍然有很多工作是可以使用 Python 的。

3. 自动化运维

自动化运维几乎是 Python 应用的自留地，作为运维工程师首选的编程语言，Python 在自动化运维方面已经深入人心，如 Saltstack 和 Ansible 都是大名鼎鼎的自动化平台。

4. 云计算

开源云计算解决方案 OpenStack 是基于 Python 开发的。

5. Web 开发

基于 Python 的 Web 开发框架非常多，如 Django、Tornado 和 Flask 等。其中，Python+Django 架构应用范围广，开发速度快，学习门槛低，能够帮助用户快速搭建起可用的 Web 服务。

6. 网络爬虫

网络爬虫也称网络蜘蛛，是大数据行业获取数据的核心工具。如果没有网络爬虫自动地、不分昼夜地、高智能地在互联网上爬取免费的数据，则与大数据相关的公司可能会减少四分之三。目前，能够编写网络爬虫的编程语言有很多，但 Python 绝对是其中的主流之一，其 Scrapy 爬虫框架应用非常广泛。

7. 数据分析

在大量数据的基础上，结合科学计算、机器学习等技术，对数据进行清洗、去重、规格化和针对性地分析是大数据行业的基石。Python 是数据分析的主流语言之一。

8. 人工智能

Python 在人工智能大范畴领域内的机器学习、神经网络、深度学习等方面都是主流的编程语言，得到了广泛的支持和应用。

1.2 Python 集成开发环境

集成开发环境(integrated development environment，IDE)是用于提供程序开发环境的应用程序，集成了代码编写、分析、编译/解释、调试功能等。在学习 Python 开发前，需要先搭建 Python 开发环境。

由于 Python 是解释型编程语言，所以要进行 Python 开发，需要先安装 Python 解释器，这样才能运行编写的代码。因此，安装 Python 实际上就是安装 Python 解释器。下面以 Windows 操作系统为例介绍安装 Python 的方法。

1.2.1 Python 解释器下载

Python的版本主要分为 2.x 和 3.x 两个系列，两者的主要差异点体现在输入和输出方式、字符串和源文件的编码格式及格式化字符串的方式等。从 Python 2 到 Python 3 是一个大版本升级，有很多不向下兼容的差异，导致很多 Python 2 的代码不能被 Python 3 解释器运行，或者反之。

Python 2 的最后一个子版本是 Python 2.7，此后没有再发布新版本，只是发布了一些维护补丁，到 2020 年，Python 官方停止了对 Python 2 的维护。为了现有程序，将 Python 2.6 作为一个替代版本，基本使用了 Python 2.x 的语法和库，同时考虑了向 Python 3.0 的迁移，因此，允许相容部分 Python 3.0 的语法与函数，即使不能立即使用 Python 3.0，也建议写相容 Python 3.0 版本的程序，然后使用 Python 2.6、Python 2.7 来执行。新的 Python 程序建议使用 Python 3.0 版本的语法。Python 3.x 的下载及安装步骤如下。

(1) 打开 Python 官网下载 Python 运行环境，目前比较稳定的版本是 Python 3.8.7，选中该版本后，单击 Download 按钮，如图 1-1 所示。

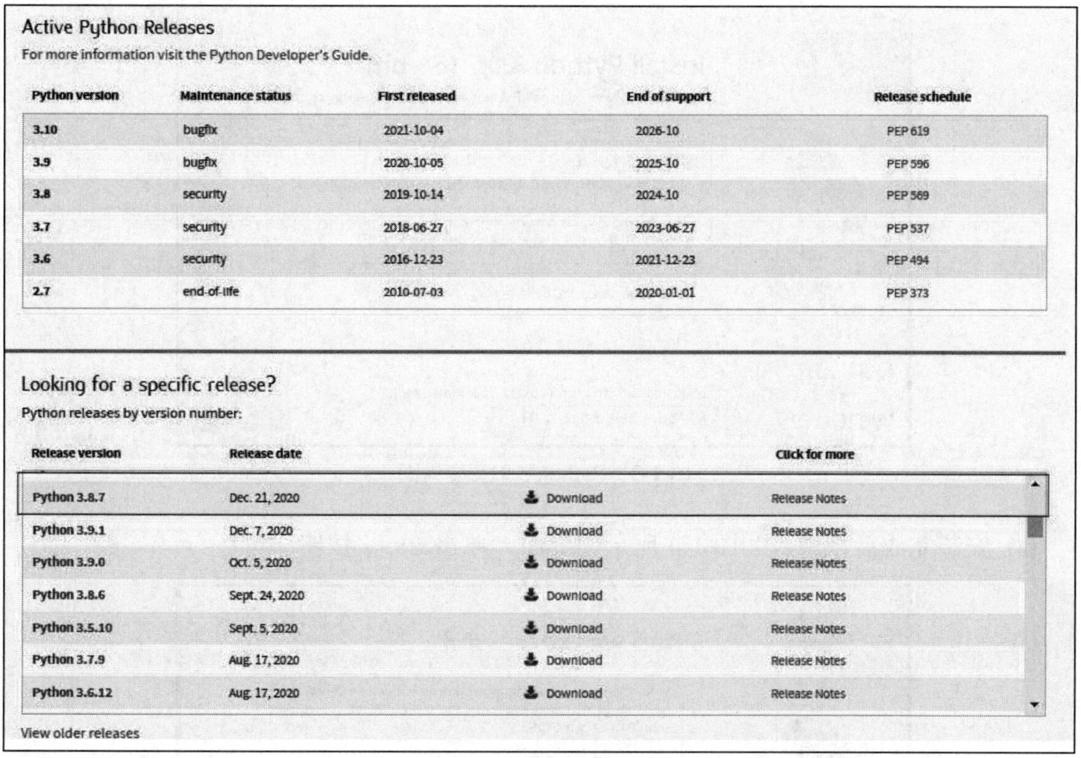

Active Python Releases

For more information visit the Python Developer's Guide.

Python version	Maintenance status	First released	End of support	Release schedule
3.10	bugfix	2021-10-04	2026-10	PEP 619
3.9	bugfix	2020-10-05	2025-10	PEP 596
3.8	security	2019-10-14	2024-10	PEP 569
3.7	security	2018-06-27	2023-06-27	PEP 537
3.6	security	2016-12-23	2021-12-23	PEP 494
2.7	end-of-life	2010-07-03	2020-01-01	PEP 373

Looking for a specific release?

Python releases by version number:

Release version	Release date		Click for more
Python 3.8.7	Dec. 21, 2020	Download	Release Notes
Python 3.9.1	Dec. 7, 2020	Download	Release Notes
Python 3.9.0	Oct. 5, 2020	Download	Release Notes
Python 3.8.6	Sept. 24, 2020	Download	Release Notes
Python 3.5.10	Sept. 5, 2020	Download	Release Notes
Python 3.7.9	Aug. 17, 2020	Download	Release Notes
Python 3.6.12	Aug. 17, 2020	Download	Release Notes

View older releases

图 1-1　Python 官方下载

(2) 根据自己的计算机系统选择 32 位或 64 位，单击“下载”按钮，如图 1-2 所示。

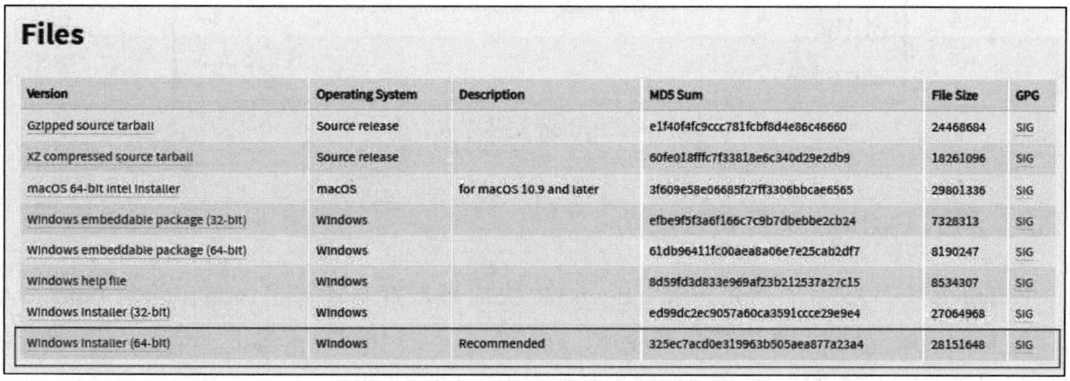

Files

Version	Operating System	Description	MD5 Sum	File Size	GPG
Gzipped source tarball	Source release		e1f40f4fc9ccc781fcbf8d4e86c46660	24468684	SIG
XZ compressed source tarball	Source release		60fe018fffc7f33818e6c340d29e2db9	18261096	SIG
macOS 64-bit Intel installer	macOS	for macOS 10.9 and later	3f609e58e06685f27ff3306bbcae6565	29801336	SIG
Windows embeddable package (32-bit)	Windows		efbe9f5f3a6f166c7c9b7dbebbe2cb24	7328313	SIG
Windows embeddable package (64-bit)	Windows		61db96411fc00aea8a06e7e25cab2df7	8190247	SIG
Windows help file	Windows		8d59fd3d833e969af23b212537a27c15	8534307	SIG
Windows installer (32-bit)	Windows		ed99dc2ec9057a60ca3591ccce29e9e4	27064968	SIG
Windows installer (64-bit)	Windows	Recommended	325ec7acd0e319963b505aea877a23a4	28151648	SIG

图 1-2　Python 安装包下载

(3) 下载完成后，将得到一个名称为 python-3.8.7-amd64.exe 的安装文件，双击该文件，进入如图 1-3 所示的安装界面。勾选 Add Python 3.8 to PATH 复选框，把 Python 的安装路径添加到系统环境变量的 PATH 变量中，自动配置环境变量，完成后单击 Install Now 进行安装。

图 1-3　Python 3.8 安装界面

(4) 安装完成后，进入如图 1-4 所示的界面，单击 Close 按钮即可。

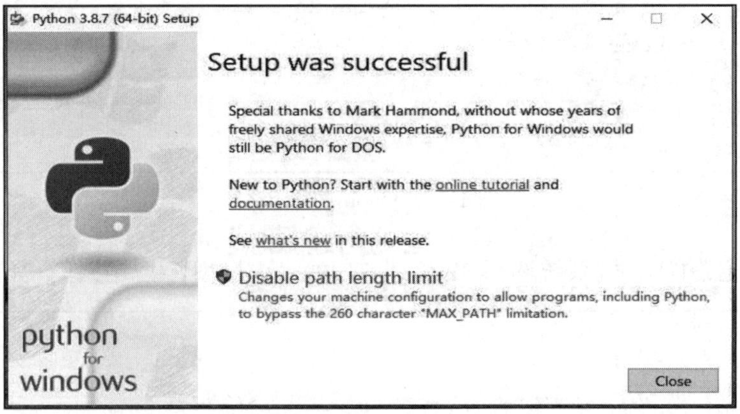

图 1-4　Python 安装完成界面

1.2.2　测试 Python 是否安装成功

Python 安装完成后，首先按 Windows+R 快捷键，打开计算机终端，输入 cmd 命令后，按 Enter 键，验证一下安装是否成功，然后在命令行中输入 python，再按 Enter 键，如果出现 Python 的版本号，则说明软件安装成功，如图 1-5 所示。

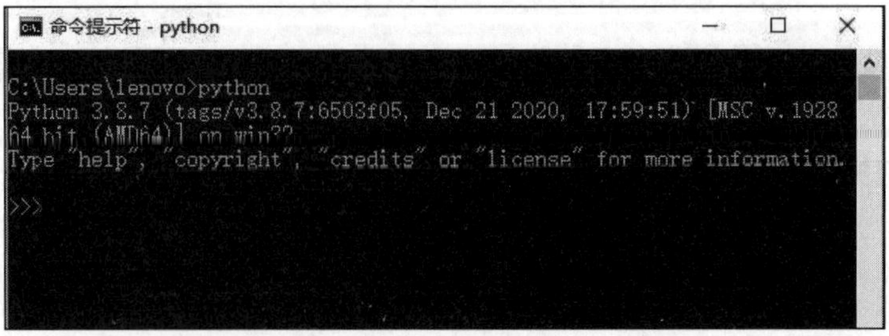

图 1-5　命令行中运行 Python 解释器

1.2.3　PyCharm 的安装与使用

PyCharm 是由 JetBrains 公司开发的 Python 集成开发环境，其带有一整套可以帮助用户在使用 Python 语言开发时提高效率的工具，具有调试、语法高亮、项目管理、代码跳转、智能提示、自动完成、单元测试、版本控制等功能。此外，该 IDE 提供了一些高级功能，用于支持 Django 框架下的专业 Web 开发，目前已成为 Python 专业开发人员和初学者常用的工具。本节将讲解 PyCharm 工具的安装及使用方法。

1. PyCharm 的下载

打开浏览器，进入 PyCharm 的官方下载界面，共有 Professional(专业版)和 Community (社区版)两个版本，其中，Professional 是收费版本，Community 是免费版本，如图 1-6 所示，选中需下载的版本后，单击 Download 按钮下载即可。下面以 Community 版本为例介绍 PyCharm 的安装步骤。

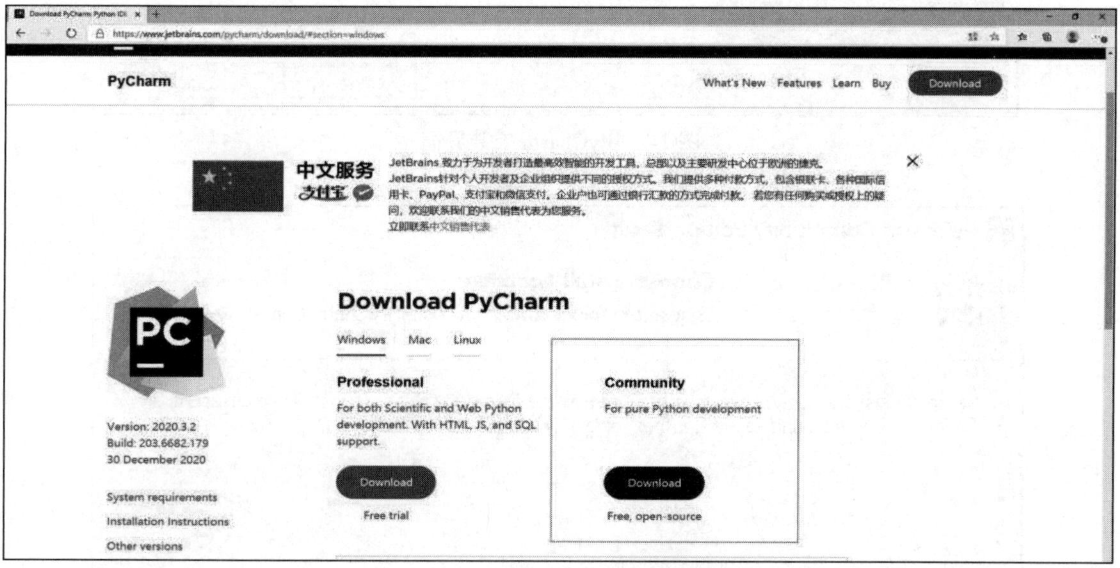

图 1-6　PyCharm 官方下载界面

2. PyCharm 的安装

PyCharm 下载完成后，将得到一个名为 pycharm-community-2020.3.2.exe 的安装文件，双击该安装文件，进入如图 1-7 所示的安装界面。

单击 Next 按钮，进入 Choose Install Location 界面进行安装路径设置，设置合理的安装路径，如图 1-8 所示。默认安装路径较长，可以根据个人喜好进行设置。

设置好路径后，单击 Next 按钮，在安装选项界面中勾选 Create Desktop Shortcut 和 Update PATH variable 下的复选框，同时勾选 Create Associations(关联文件)下的.py 复选

框，如图 1-9 所示。

图 1-7 PyCharm 安装界面

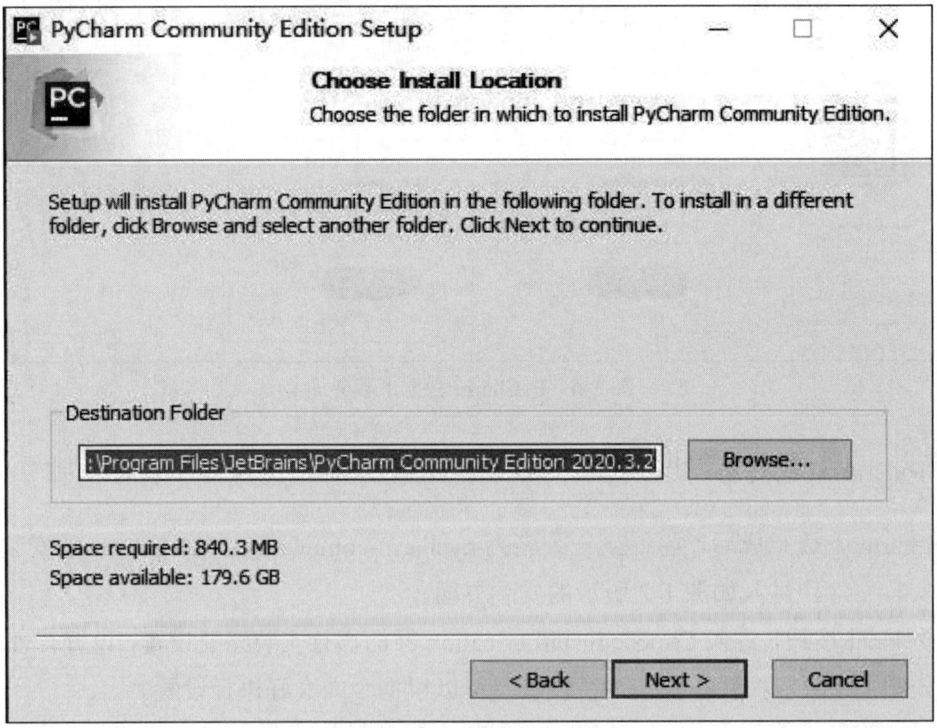

图 1-8 选择安装路径

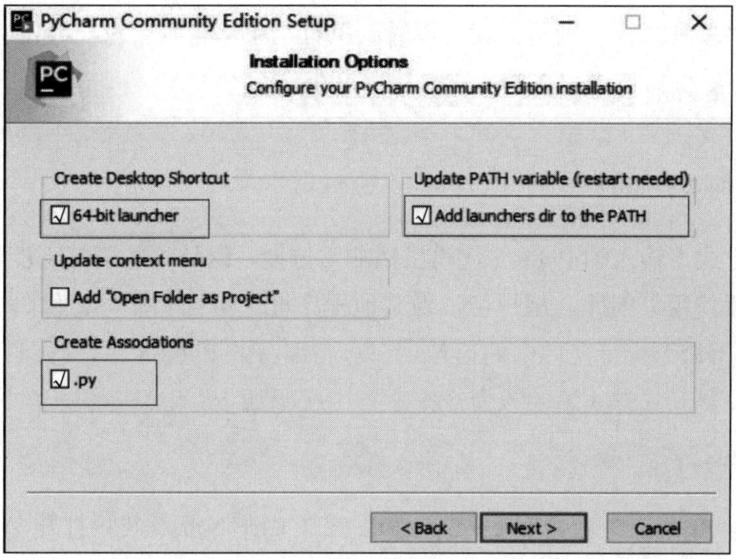

图 1-9　选项设置

单击 Next 按钮后，再单击 Install 按钮，等待 PyCharm 安装完成即可。

1.3 编写 Python 程序

任何一种编程语言都有自己的一套语法，编译器或解释器就是负责把符合语法的程序代码转换成 CPU 能够执行的机器码，然后执行，Python 也不例外，但 Python 的语法比较简单。下面我们来编写 Python 的第一个程序。

1. 交互式方式

交互式是指逐条输入 Python 的指令并由 Python 解释器逐条执行。

在“开始”菜单中单击 Python 3.8 下的 IDLE(Python 3.8 64-bit)图标，IDLE 启动后的窗口如图 1-10 所示。

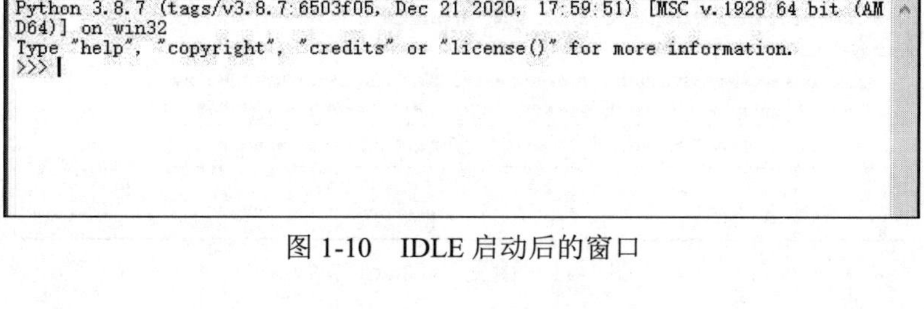

图 1-10　IDLE 启动后的窗口

使用交互式编程模式，直接在 IDLE 提示符>>>后面输入相应的命令并按 Enter 键执行即可，如果程序顺利执行，则马上就可以看到执行结果，否则会抛出异常。

```
>>>print("Hello world!")
Hello world!
```

2. 文件式(脚本)方式

在交互式方式下输入的 Python 代码虽然非常方便，但是这些语句不能保存，无法重复执行或留着以后使用。因此，用户可以像其他程序设计语言一样，将代码保存在一个源程序文件中，然后用命令执行文件中的语句。首先，将编写的 Python 源代码保存为扩展名为.py 的文件，然后在交互式方式下输入命令来执行，代码如下。

```
python filename.py
```

打开 IDLE，在菜单中选择 File→New File 或按 Ctrl+N 快捷键，打开一个新窗口。在文本编辑区输入程序，如输入 print("Hello world!")，并保存为 hello.py 文件，然后在菜单中选择 Run→Run Module 或按快捷键 F5，即可运行文件。

另外，还可以采用记事本等工具编写源代码，将源代码保存为.py 文件，然后在 Python 的命令行方式下执行此文件。

3. PyCharm 编写程序

启动 PyCharm 后，会出现如图 1-11 所示的启动对话框，勾选 I confirm that I have read and accept the terms of this User Agreement 复选框，单击 Continue 按钮。

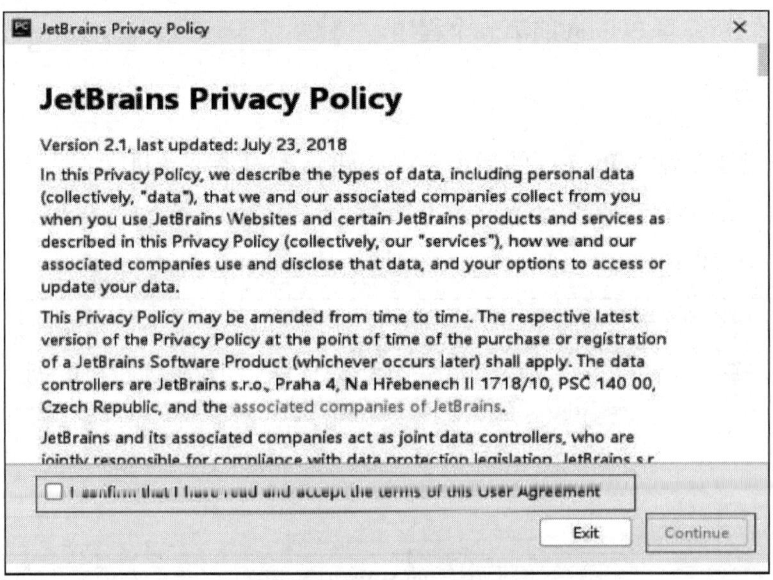

图 1-11　接受 PyCharm 协议

进入开发环境配置界面后，选择 Darcula 或 Light 风格的界面，如图 1-12 所示。

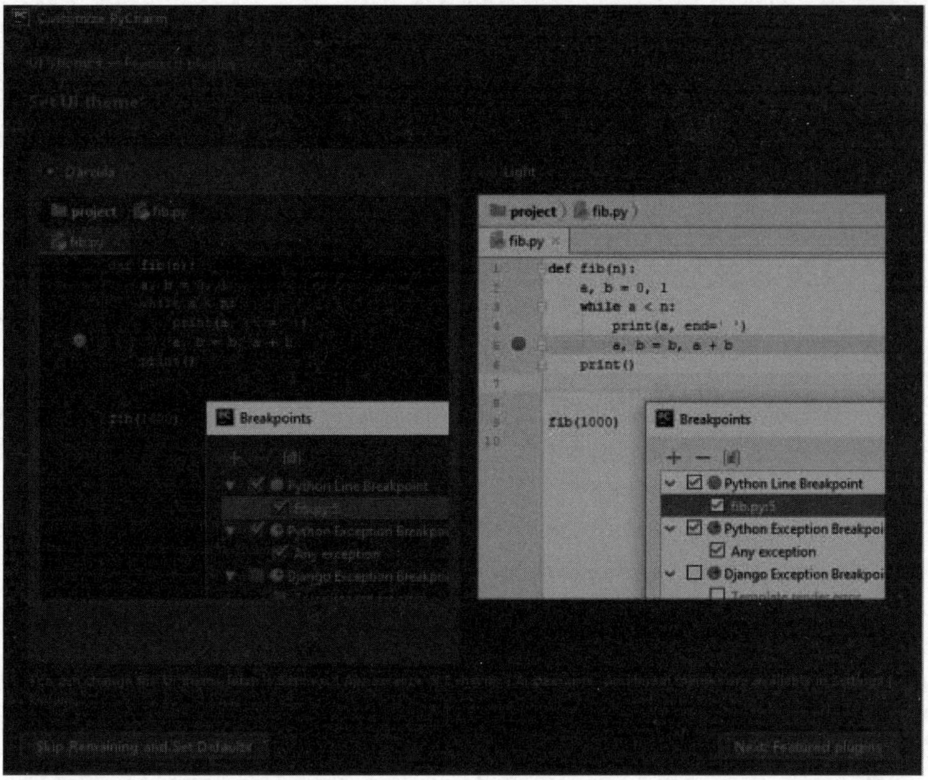

图 1-12 开发环境配置界面

界面设置完成后，单击 Start using PyCharm 按钮，进入 PyCharm 欢迎界面，选择 New Project 新建一个项目，如图 1-13 所示。

图 1-13 PyCharm 欢迎界面

PyCharm 会自动为新工程文件设置一个存储路径。为了更好地管理工程，可以设置一个容易管理的存储路径，直接在输入框中输入工程文件的存储路径即可，然后单击 Create 按钮，如图 1-14 所示。

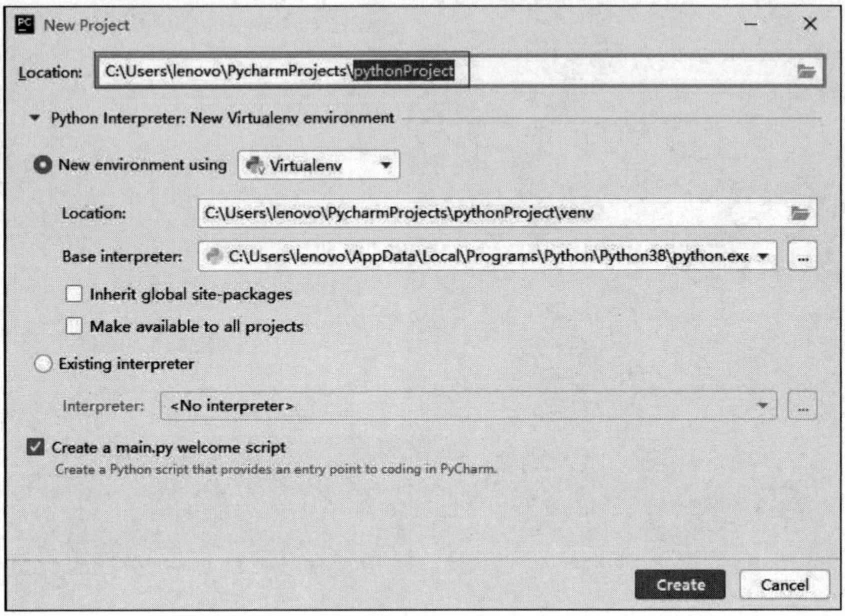

图 1-14　修改工程路径

工程创建完成后，进入 PyCharm 主界面，左侧栏显示的是工程列表，右侧栏为程序编辑区域，如图 1-15 所示。

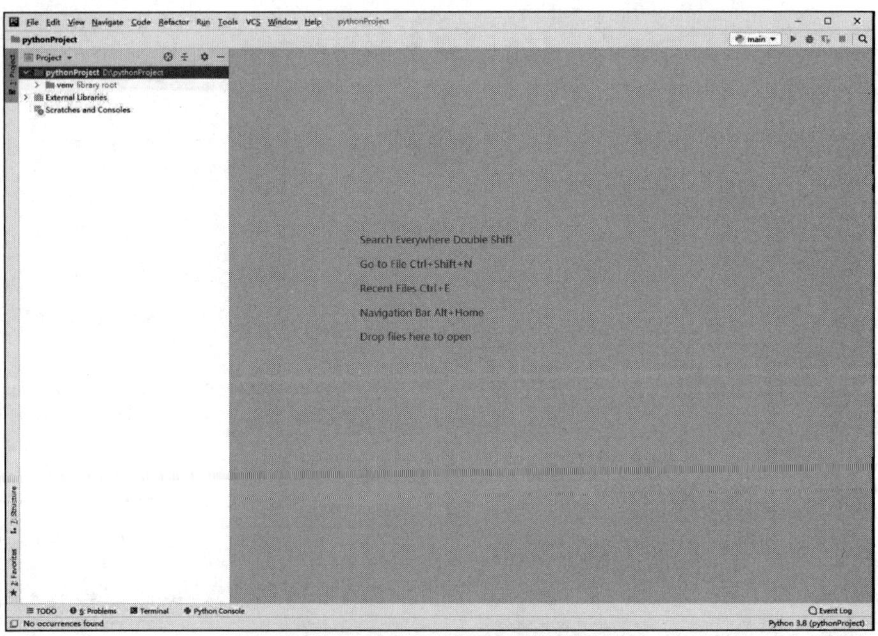

图 1-15　PyCharm 主界面

右击新建好的 PythonProject 项目，在弹出的快捷菜单中选择 New→Python File 选项，创建一个 Python 文件，在右侧的窗口中即可编写程序，如图 1-16 所示。

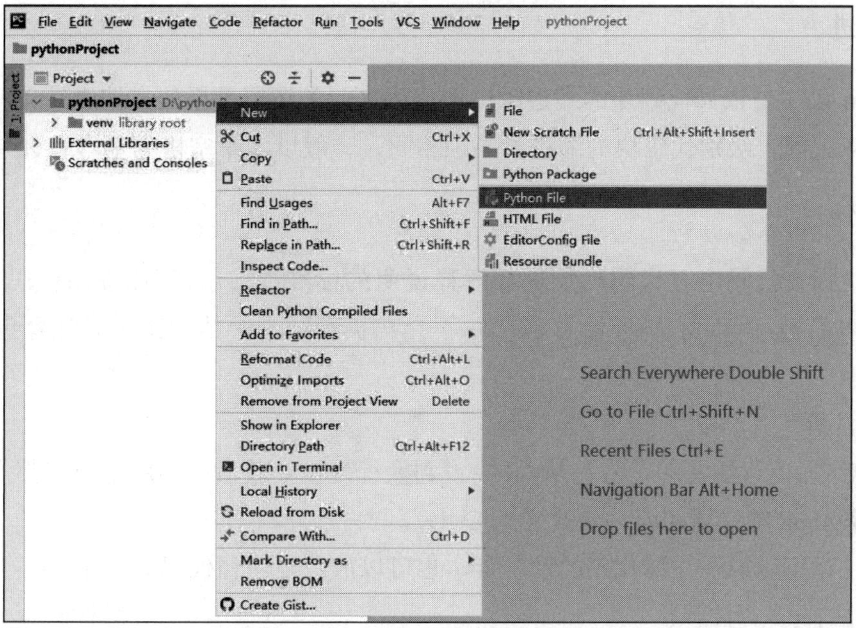

图 1-16　新建 Python 程序

下面是打开 PyCharm 创建工程后开发环境自动生成的一个示例文件 main.py。

```
def print_hi(name):
    print(f'Hi,{name}')

if __name__ == '__main__':
    print_hi('PyCharm')
```

在开发环境的右侧程序编辑窗口中任意位置右击，选择 run 命令即可执行程序。

程序运行结果如下。

```
Hi,PyCharm
```

1.4 Python 语法格式及代码规范

一个良好风格的程序语法格式不但能够提高程序的正确性，还能提高程序的可读性。下面介绍 Python 程序的一些基本语法格式及编程规范。

1. 基本格式

Python 语言一般一行写完一条语句，每行最大长度为 79 个字符，但是当一条语句过长时，可以使用斜杠(\)将一行的语句分为多行显示。Python 语言严格区分大小写，一般语句从新行的第一列开始。

2. 缩进

Python 程序是依靠代码块的缩进来体现代码之间的逻辑关系的，缩进结束即代表一个代码块结束。同一级别代码块的缩进量必须相同，一般以 4 个空格为基本缩进单位。

3. 注释

注释是指在代码中对代码功能进行解释说明的标准性文字，可以提高代码的可读性，注释的内容将被 Python 解释器忽略，并不会在执行结果中体现出来。注释包括行注释和段注释。

1) 行注释

使用#作为单行注释的符号，从#开始直到换行为止，其后面的所有内容都作为注释的内容而被 Python 解释器忽略。快捷键为 Ctrl+/。

单行注释可以放在注释代码的前一行，也可以放在要注释代码的右侧。

2) 段注释(多行注释)

段注释使用3个连续引号。当解释器看到'''或"""时，会扫描到下一个'''或"""，然后忽略它们之间的内容。

多行注释通常用来为 Python 文件、模块、类或函数等添加版权、功能等信息，也可以用来解释代码中重要的函数、参数等信息，便于后续开发者维护代码。

4. 空行

适当的空行能够增加代码的可读性，方便理解，如在函数与函数之间增加空行、类方法之间增加空行、for 语句功能模块之前和之后增加空行等，都能够提高程序的可读性。

1.5 __name__属性

__name__是属于 Python 中的内置类属性，即其本身就存在于一个 Python 程序中，代表对应程序名称。__name__属性主要如下。

(1) 当 Python 程序自己执行时，__name__变量的值就是__main__。

(2) 当 Python 程序作为模块被导入时，__name__变量的值就是程序的文件名，即.py 前面的文件名称。

例如，新建一个名为 test.py 的程序文件，在该文件中编写一个函数 print_name()，输出当前模块的__name__属性值，主程序调用执行该函数。

```
def print_name():
    print('__name__的值为:',__name__)

if __name__ == '__main__':
    print_name()
```

运行结果如下。

```
__name__的值为:__main__
```

新建另一个名为test1.py的程序文件，在该文件中编写程序调用test.py中的print_name()函数。

```
import test
test.print_name()
```

运行结果如下。

```
__name__的值为:test
```

当 test.py 作为一个模块被 test1.py 程序通过 import 引用时，其__name__属性值为模块的名称 test。

1.6 Python 库的安装及引用

在程序开发中，经常利用可重用资源来快速构建应用，而 Python 功能强大的一个原因就是提供了很多库。库是具有相关功能模块的集合，这也是 Python 的一大特色之一，使用库，可以只用几行 Python 代码就完成了任务。Python 的扩展库不一定采用 Python 语言编写，大部分采用的是 C、C++等语言编写，经过封装就能供 Python 程序调用。

Python 可复用代码包括标准库、第三方库及自定义模块。

1. 标准库

标准库就是下载安装的 Python 解释器自带的模块。安装 Python 后，其本身就带有的库被称为标准库，而标准库中的模块被称为标准模块。常用的标准库有 time、datetime、copy、os、sys、math、random、re、pickle 等。

2. 第三方库

第三方库就是由其他的第三方机构发布具有特定功能的模块，需要自己安装。Python 的优势之一就在于其广泛的用户群和社区志愿者，他们提供了很多可使用的模块库，一些库已经被吸收为 Python 的标准库，但是更多的库并不是 Python 的标准库。使用 import 语句导入非标准库中的模块之前必须提前安装相应的库到环境中，这种库被称为第三方库，后面将单独讲解第三方库的安装方法。

3. 自定义模块

自定义模块，即用户可以自己编写模块，然后使用。

1.6.1 Python 库的引用

库和模块安装或创建之后，就可以在其他程序中使用该库或模块了，Python 对库或模块的引用方式包括以下 3 种。

1. 第一种方式

```
import <模块名>
```

采用这种方式导入模块以后，使用时需要在对象之前加上模块名作为前缀，必须以“模块名.对象名”的形式进行访问。例如：

```
>>>import random
>>>random.randint(1,10)          # 生成一个[1,10]区间的随机整数
9
>>>random.randrange(1,10)        # 返回[1,10)区间的随机整数
1
```

2. 第二种方式

```
from <模块名> import <函数名>
from <模块名> import *
```

使用这种方式仅导入明确指定的对象，该导入方式可以减少查询次数，提高访问速度，调用函数时直接使用函数名，不需要使用模块名。例如：

```
>>>from random import randint
>>>randint(1,10)
8
```

采用 from...import 引入库时，当程序中有一个自定义函数和库函数同名，会由自定义函数覆盖掉库函数，导致库函数无法正确导入的情况。例如：

```
>>>from random import *
>>>randint(1,10)
3
```

这种用法是一种极端方式，可以一次导入模块中的所有对象。

3. 第三种方式

```
import <模块名> as <别名>
<别名>.<函数名>
```

如果觉得模块的名字太长或不容易输入，那么可以用 as 来另起名字，起名后，该模块中的所有函数必须使用别名来进行调用。例如：

```
>>>import random as rd
>>>rd.randint(1,10)
6
```

关于模块的详细用法，参见本书第 10 章。

1.6.2 安装扩展库

进行 Python 程序开发时，除了使用 Python 内置的标准模块及自定义的模块之外，还有很多第三方模块可以使用，这些第三方模块可以借助 Python 官方提供的查找包界面找到。

使用第三方模块之前，需要先下载并安装该模块，然后即可像使用标准模块和自定义模块那样导入并使用了。

在 Python 中，最常用且高效的扩展库安装是通过包管理工具 pip 完成的，它是由官方提供并维护的安装工具。

通常，pip 工具需要在 Windows 的命令提示符下使用。按 Windows+R 快捷键打开“运行”对话框，在对话框中输入 cmd 命令，单击“确定”按钮后，即可打开 Windows 命令提示符窗口。

常用 pip 命令的使用方法如表 1-1 所示。

表 1-1　常用 pip 命令的使用方法

pip 命令示例	说明
pip download 模块名[==version]	下载扩展库的指定版本，不安装
pip freeze	以 requirements 的格式列出已安装模块
pip list	列出当前已安装的所有模块
pip install 模块名[==version]	在线安装模块的指定版本
pip install 模块名.whl	通过.whl 文件离线安装扩展库
pip install 模块 1 模块 2...	在线安装模块 1、模块 2 等扩展模块
pip install -r requirements.txt	安装 requirements.txt 文件中指定的扩展库
pip install --upgrade 模块名	升级模块
pip uninstall 模块名[==version]	卸载模块的指定版本

例如：pip install requests，安装成功后显示 Successfully installed requests。一般来讲，使用 pip 工具在线安装总是会自动选择扩展库的最新版本，但有时会出现新版本与其他扩展库不兼容的情况，或者其他扩展库依赖待安装库的较低版本，这时可以明确指定扩展库

的版本号，如下。

```
pip install requests==2.12.4
```

1.7 本章小结

本章首先介绍了 Python 语言的发展历史、特点、应用领域，然后介绍了如何在 Windows 环境下安装 Python 的解释器、集成开发工具及运行 Python 程序的方法，最后介绍了 Python 程序的基本格式、导入模块的方式及安装第三方库的方法。通过本章的学习，能够熟练搭建 Python 的开发环境及运行 Python 程序，并掌握程序设计的基本方法。

1.8 习题

1. 填空题

(1) Python 程序的默认扩展名是________。

(2) Python 中导入模块的关键字是________。

2. 选择题

(1) Python 可以在 Linux、macOS 平台运行，体现了 Python 的(　　)特性。

A. 可移植　　B. 简单　　C. 可扩展　　D. 开源

(2) 下列中不属于 Python 应用领域的是(　　)。

A. 数据分析　　B. 科学计算　　C. 操作系统管理　　D. 自动化运维

(3) 下列关于 Python 的说法中，错误的是(　　)。

A. Python 是从 ABC 语言发展起来的

B. Python 是一门高级计算机语言

C. Python 只能编写面向对象的程序

D. Python 程序的效率比 C 程序的效率低

3. 简答题

(1) 简述 Python 语言的优缺点。

(2) 简述 Python 语言的应用方向。

(3) Python 语言导入模块的方法有哪些？

(4) Python 程序中__name__属性的作用是什么？

(5) 怎样在程序中添加注释？

第 2 章 Python语法基础

一个程序包括数据和对数据的操作两部分。数据是计算机程序能够处理的信息在计算机内的表现形式。程序中的数据涉及数据类型、表示方法和运算规则。本章主要介绍 Python 的关键字、标识符、变量、数据类型、运算符、表达式、内置函数及基本输入输出。

2.1 标识符

标识符是指用来标识某个实体的一个符号。在计算机语言中，标识符是作为名字的有效字符串集合。标识符是用户编程时使用的名字，如变量、常量、函数、语句块等都有名字。

在 Python 中标识符可以包括字母、数字及下画线，但要符合下列规则。

- 标识符开头必须是字母或下画线。
- 标识符不能以数字开头。
- 标识符区分大小写。
- 标识符中不能出现分隔符、标点符号或运算符。
- 标识符不能使用关键字。
- 尽量避免使用内置模块名、类型名、函数名等。

交互式环境中通过以下命令可以查看 Python 中的内置关键字(保留字)。

```
>>>import keyword
>>>keyword.kwlist
```

可以看到，Python 的内置关键字包括：'False'、'None'、'True'、'and'、'as'、'assert'、'async'、 'await'、'break'、'class'、'continue'、'def'、'del'、'elif'、'else'、'except'、'finally'、'for'、'from'、'global'、'if'、'import'、'in'、'is'、'lambda'、'nonlocal'、'not'、'or'、'pass'、'raise'、'return'、'try'、'while'、'with'、'yield'。

2.2 变量

2.2.1 变量的命名规则

程序运行过程中，可能会用到一些临时数据，程序将这些数据保存在计算机的内存单元中，而为了方便访问和修改内存单元中存储的数据，Python 提供了变量。变量是计算机内存中的一块区域，可以存储规定范围内的值，而且值是可以改变的。由于变量具有名字，不同变量是通过名字相互区分的，所以变量名也具有标识作用，也称作标识符。因此，变量名也符合标识符的命名规则。例如，var、_a、a1、student、name、student_name 是正确命名的变量；而 1a#(不能是数字开头)、$a#(变量以$符号开头，不符合标识符命名规则)是错误命名的变量。

变量命名除必须符合标识符的命名规则外，还应遵循一些约定的规范，主要如下。

(1) 变量名支持中文，但由于汉字输入烦琐和编程的环境不同对汉字的兼容不一样等原因，不推荐使用。

(2) 变量命名要有意义，除了循环变量 i 和 j 等可以使用简单字母以外，其他的变量命名尽量做到见名知义，如 name、age 等。

(3) 使用多个英文单词时，多个单词之间可以用下画线来连接，或者每个单词的首字母大写，如 student_name、StudentName 等。

(4) 以下画线开头的变量在 Python 中有特殊的含义，因此自定义变量时一般不采用下画线开头。

2.2.2 变量的赋值

Python 程序中变量不需要声明，每个变量都在内存中创建，包括变量的标识、名称和数据等信息。每个变量在使用前都必须赋值，变量赋值以后才会被创建。赋值利用“=”来进行。

```
>>>a = 1
```

Python 采用基于值的内存管理模式，其赋值语句的执行过程是：首先将等号右侧的值计算出来，其次在内存中寻找一个位置将值存放进去，最后创建变量并指向该内存地址。Python 中的变量并不直接存储值，而是存储值的内存地址或引用。因此，可以把任意数据类型赋值给变量，同一个变量可以反复赋值，代码如下。

```
>>>a = 1
>>>a = "Python"
```

另外，可以通过 id()函数来查看变量值的 id(变量所指向的地址)，代码如下。

```
>>>a = 1
>>>id(a)
140737131802880
>>>a = 2
>>>id(a)
140737131802912
```

或者可以把一个变量 a 赋值给另一个变量 b，这个操作实际上是把变量 b 指向变量 a 所指向的数据，如下面的代码所示。

```
>>>a = 1
>>>b = a
>>>a = 2
>>>a
2
>>>b
1
```

在 Python 中，允许同时为多个变量赋值。例如，a=b=c=100，表示创建一个整型对象时，这 3 个变量被分配到相同的内存空间。

2.3 数据类型

在 Python 程序中，每个数据都是对象，每个对象都有自己的一个类型。不同类型有不同的操作方法，使用内置数据类型独有的操作方法，可以更快地完成大量工作。

Python 中的数据类型可以分为两大类：一类是基本数据类型；另一类是复合数据类型。基本数据类型包括数值(number)、字符串(string)和布尔类型(bool)；复合数据类型包括列表(list)、元组(tuple)、字典(dictionary)和集合(set)。

2.3.1 数值类型

在编程时，经常需要做一些数学运算，记录一些重要的数据，如网页的浏览人数、电影的评分等都需要用数字来记录。Python 提供了 number 数据类型用于存储数值，并且 number 类型是不运行改变的数据类型，如果改变 number 数据类型的值，将重新分配内存空间。在 Python 3 中，数值类型主要包括整数(int)、浮点数(float)、复数(complex)和布尔类型(bool)。

1. 整数

整数通常被称为整型，包括正整数、负整数或 0，即不带小数部分的数值。在 Python 3 中，整型是没有大小限制的，只受可用内存大小的限制。

Python 中整数除了日常使用的十进制以外，也可以用其他进制表示，但需要加上不同的前缀。下面是不同进制表示的整数。

- 十进制：如 325、-9 等。
- 二进制：以'0b'或'0B'开头。例如，'0b11011'表示十进制的 27。
- 八进制：以'0o'或'0O'开头，由 0～7 组成。例如，'0o33'表示十进制的 27。
- 十六进制：以'0x'或'0X'开头，由 0～9、A～F 组成。例如，'0x1b'表示十进制的 27。

```
>>>a = 15   # 十进制数
>>>a
15
>>>type(a)
<class 'int'>
```

用户可以使用内置函数 isinstance()来测试变量是否为指定类型。例如：

```
>>> isinstance(a,int)
True
>>>b = 0b0110      # 二进制数
>>>b
6
>>>type(b)
<class 'int'>
>>>c = 0o0110      # 八进制数
>>>c
72
>>>type(c)
<class 'int'>
>>>d = 0x0ff       # 十六进制数
>>>d
255
>>>type(d)
<class 'int'>
```

2. 浮点数

浮点数是带小数的数字，由整数部分和小数部分组成，主要用于处理包括小数的数，如 3.14、4.5 等。浮点数也可以使用科学记数法(指数形式)表示，如 2.5e2。

在数据存储长度有限的情况下，采用浮点表示方法有利于在数值变动范围很大或数值很接近 0 时，仍能保证一定长度的有效数字。例如：

```
>>>x = 3.14
>>>x
3.14
>>>type(x)
<class 'float'>
>>>y = 1.2e-3
>>>y
0.0012
>>>type(y)
<class 'float'>
>>>z = 1.5e4
>>>z
15000.0
>>>type(z)
<class 'float'>
```

与整数不同，浮点数存在上限和下限。计算结果超出上限和下限范围时会导致溢出错误。例如：

```
>>>100.0**100
1e+200
>>>100.0**1000
Traceback (most recent call last):
        File "<pyshell#6>", line 1, in <module>
            100.0**1000
OverflowError: (34, 'Result too large')
```

注意：

浮点数只能以十进制数形式书写。

需要说明的是，在使用浮点数进行计算时，可能会出现小数位数不确定的情况。计算机不一定能够精确地表示程序中书写或计算的实数，有以下两个原因。

(1) 因为存储有限，计算机不能精确显示无限小数，会产生误差。

(2) 计算机内部采用二进制数表示，但不是所有的十进制实数都可以用二进制数精确表示。

```
>>>0.1+0.2
0.30000000000000004
```

应尽量避免在实数之间直接进行相等性测试，而是以两者之差的绝对值是否足够小作为两个实数是否相等的依据。

```
>>>0.4-0.1==0.3
False
>>> abs(0.4-0.3-0.1)<1e-6
True
```

3. 复数

复数由实数部分和虚数部分构成，可以用 a + bj 或 complex(a，b)表示，复数的实部 a 和虚部 b 都是浮点型。例如：

```
>>>k = 2+3j
>>>k
(2+3j)
>>>type(k)
<class 'complex'>
```

Python 支持复数类型及其运算，并且形式与数学上的复数完全一致。用户可以使用 real 和 imag 两个属性来查看实部和虚部。例如：

```
>>>x=3+5j
>>>y=4+6j
>>>x+y
(7+11j)
>>> x.real
3.0
>>> x.imag
5.0
```

4. 布尔类型

所有标准对象均可用于布尔测试，同类型对象之间可以比较大小。每个对象天生具有布尔 True 或 False 值。下列对象的布尔值是 False：None、False、0(整型)、0.0(浮点型)、0L(长整型)、0.0+0.0j(复数)、""(空字符串)、[](空列表)、()(空元组)、{}(空字典)。

在 Python 3 中，当 True=1，False=0 时，可以和数字型进行运算。

例如：

```
>>>m = True
>>>n = False
>>>m
True
>>>type(m)
<class 'bool'>
>>>n
False
>>>type(n)
<class 'bool'>
```

各类型之间的转换将在 2.5.1 节中详细讲述。

2.3.2　字符串

在程序设计中，字符串(string)为符号或数值的一个连续序列；在 Python 中，用引号括起来的就是字符串，字符串中的内容可以是计算机所能表示的任意字符的集合。在 Python 中，字符串属于不可变序列，通常引号有单引号、双引号和三引号 3 种，这 3 种引号被称为字符串的定界符，它们在语义上没有差别，只是在形式上有一些差别。其中，单引号和双引号中的字符序列必须在一行上，而三引号内的字符序列可以分布在连续的多行上。例如：

```
>>> 'Hello world!'
'Hello world!'
>>>"20210202"
'20210202'
>>>'''Beautiful is better than ugly.
Explicit is better than implicit.
Simple is better than complex.'''
'Beautiful is better than ugly.\nExplicit is better than implicit.\nSimple is better than complex.'
>>>"""不忘初心，牢记使命。"""
'不忘初心，\n 牢记使命。'
```

从上面的例子可以看出，采用三引号定义字符串时，既可以使用 3 个单引号，也可以使用 3 个双引号，且定义的字符串可以分布在连续的多行上。字符串中的内容可以由英文字符、数字、其他符号构成，也可以由汉字等各种不同的符号构成。如果字符串内容中包含有定界符，那么就要选择其他定界符来将字符串括起来。例如：

```
>>> "I'm a student!"
"I'm a student!"
```

2.3.3　转义字符

Python 中的字符串还支持转义字符。转义字符是指使用反斜杠“\”对一些特殊字符进行转义，即改变原有字符含义的特殊字符。常见的转义字符如表 2-1 所示。

表 2-1　常见的转义字符

转义字符	描述
\\	反斜杠符号
\'	单引号
\"	双引号
\a	响铃
\b	退格(Backspace)
\n	换行

续表

转义字符	描述
\t	横向制表符
\v	纵向制表符
\r	回车
\f	换页
\oyy	八进制数，y 代表 0～7 的字符，如\o12 代表换行
\xhh	十六进制数，h 代表 0～9、a～f 的字符，如\x0a 代表换行
\other	其他的字符，以普通格式输出

例如：

```
>>>s = "Hello\nPython"
>>>print(s)
Hello
Python
>>>s1 = "姓名\t 性别\t 年龄"
>>>s2 = "李源\t 男\t20"
>>>print(s1)
姓名      性别      年龄
>>>print(s2)
李源      男        20
```

为了避免对字符串中的转移字符进行转义，可以使用原始字符串，在字符串的前面加上 r 或 R 表示原始字符串，其中的所有字符都表示原始的含义而不会进行任何的转义，常用在文件路径、URL 和正则表达式等场合。例如：

```
>>> path = 'D:\pyproject\test.py'
>>> print(path)
D:\pyproject	est.py
```

可以看出输出结果并不是我们想要的字符串，字符串中的\t被转义为横向制表符，这时我们就可以使用原始字符串来对该字符串进行输出。例如：

```
>>> path = r'D:\pyproject\test.py'
>>> print(path)
D:\pyproject\test.py
```

字符串还有一些其他的操作和方法，将在本书第 6 章中详细讲解。

2.3.4 复合数据类型

Python 的复合数据类型包括列表、元组、字典和集合，很多复杂的业务逻辑需要依靠这些数据类型来实现，这里简单介绍一下，具体使用方法、特点将在第 4 章中详细讲解。

1. 列表

列表是写在方括号[]之间，用逗号分隔的数据元素序列。列表中的数据元素的数据类型可以不相同，也可以嵌套。列表是有序的，元素可以重复，也可以被修改。数据元素通过序号访问。例如：

```
>>> [10, "hello", -3.5]
[10, 'hello', -3.5]
>>> x=[1, 2, 3, 4]
>>> x[2]=10
>>> x
[1, 2, 10, 4]
```

2. 元组

元组是写在圆括号()之间，用逗号分隔的数据元素序列。元组中的数据元素的数据类型可以不相同，但数据元素不能修改，可以重复或嵌套。元组也是有序的对象集合。例如：

```
>>> (1, 2, 3)
(1, 2, 3)
```

3. 字典

字典是写在花括号{}之间，用逗号分隔的数据元素集合。字典中的每个数据元素是由一对关键字和值组成，中间用冒号连接。字典中的元素通过关键字来存取，关键字不可以重复，值可以重复，字典是无序的对象集合。例如：

```
>>> d = {"name": "李源", "age": 20, "gender": "男"}
>>> d
{'name': '李源', 'age': 20, 'gender': '男'}
>>> d["name"]
'李源'
```

4. 集合

集合是写在花括号之间，用逗号分隔的数据元素集合。集合中的数据元素是无序的、不重复的。例如：

```
>>> {4, 2, 3, 1}
{1, 2, 3, 4}
```

2.4 运算符和表达式

运算符是一些符号，它告诉 Python 解释器去做一些数学或逻辑操作。Python 的运算符主要包括算术运算符、赋值运算符、比较(关系)运算符、逻辑运算符、位运算符、成员运算符和身份运算符。运算符根据所需要的操作数目，可以分为单目、双目和三目运算符。

使用运算符将不同类型的数据按照一定的规则连接起来的式子，称为表达式。单独的一个值是一个表达式，单独的变量也是一个表达式。操作数可以使用标识符表示，如 a=3；b=2；c=a*b，表达式是 Python 程序最常见的代码。

使用算术运算符连接起来的式子称为算术表达式，使用逻辑运算符连接起来的式子称为逻辑表达式，多种运算符混合形成复合表达式，按照运算符的优先级和结合性依次进行运算，当存在圆括号时，运算次序会发生变化。

2.4.1 算术运算符

算术运算符是处理四则运算的符号，在数字处理中应用最多。Python 的算术运算符有以下几种。

运算符	描述
+	加法运算符
-	减法运算符
*	乘法运算符
/	除法运算符
//	整除运算符
%	求余运算符
**	乘方运算符

这些运算符和数学中的使用方法基本相同。其中，“+”运算符除了用于算法加法以外，还可以用于列表、元组、字符串的连接，但不支持不同类型对象之间相加或连接；“*”运算符可以用于列表、元组、字符串中，计算结果是重复指定次数的结果。例如：

```
>>> [1, 2, 3]+[4, 5]
[1, 2, 3, 4, 5]
>>> "123"+"abc"
'123abc'
>>>(1,2,3)*3
(1, 2, 3, 1, 2, 3, 1, 2, 3)
>>> 'hello'*3
'hellohellohello'
```

“/”运算符除后一定得到一个浮点数结果；“//”运算符除后得到除法运算结果中商的整数部分；“%”运算符获得除法运算结果中的余数部分，如果除数是负数，那么取得的余数也是一个负值。例如：

```
>>> 4/2
2.0
>>> 3.5/2.6
1.346153846153846
>>> 5//9
0
>>> 4.5//2.2
2.0
>>> 14%3
2
```

2.4.2　赋值运算符

赋值运算符主要用来为变量等赋值，使用时，可以直接把赋值运算符右边的值赋给左边的变量，也可以进行某些运算之后再赋值给左边的变量。Python 中赋值运算符如下。

运算符	描述
=	简单赋值运算符
+=	加法赋值运算符
-=	减法赋值运算符
*=	乘法赋值运算符
/=	除法赋值运算符
%=	取模赋值运算符
**=	幂赋值运算符
//=	整除赋值运算符

a +=b　等价于 a = a + b，与其他运算符功能相似。

例如：

```
>>> x=3
>>> x**2
9
>>> x+=6
>>> x
9
>>> x-=3
>>> x
6
>>> x**=2
>>> x
36
>>> x//=9
>>> x
4
```

```
>>> x%=2
>>> x
0
```

2.4.3 比较运算符

比较运算符，也称关系运算符，用于对变量或表达式的结果进行大小、真假等比较，如果结果为真，则返回 True，如果结果为假，则返回 False，通常用于条件语句中作为判断的依据。Python 中的比较运算符如下。

运算符	描述
==	等于，比较对象是否相等
!=	不等于
>	大于
<	小于
>=	大于等于
<=	小于等于

其中，“==”和“=”是编程中非常容易混淆的两个运算符，使用时应特别注意。

例如：

```
>>> 5>3
True
>>> "Hello">"world"
False
```

当需要判断一个变量是否介于两个值之间时，可以采用“值1<变量<值 2”的形式。例如，0<a<10 等价于 a>0 and a<10。

关系运算符具有惰性求值的特点，即只计算必须计算的值，而不是计算关系表达式中的每个表达式。例如：

```
>>> 1>2>x    # 当前上下文中并不存在变量 x
False
```

2.4.4 逻辑运算符

逻辑运算符是对真和假两种布尔值进行运算，运算后的结果仍是一个布尔值。Python 中逻辑运算符如下。

运算符	描述
and	逻辑“与”
or	逻辑“或”
not	逻辑“非”

逻辑与运算只有当运算符 and 前后两个值均为 True 时，结果才为 True，只要有一个值为 False，结果就为 False。

逻辑或运算只有当运算符 or 前后两个值均为 False 时，结果才为 False，只要有一个值为 True，结果就为 True。

例如：

```
>>>True and False
False
>>>True or False
True
>>>not True
False
```

与关系运算符类似，逻辑运算符 and 和 or 具有短路求值和惰性求值的特点，可能不会对所有表达式进行求值，而只计算必须计算的表达式的值。

在设计包含多个条件的条件表达式时，如果能够大概预测不同条件失败的概率，并将多个条件根据 and 和 or 的运算符的短路求值特性来组织顺序，可以提高程序运行效率。例如：

```
>>> 5 and 3
3
>>> 3 and 5
5
>>> 3 or 4
3
>>> 4 or 3
4
>>> 0 and 5
0
>>> 0 or 5
5
```

2.4.5　位运算符

位运算是把数字看作二进制数来进行计算的，因此，需先将要执行运算的数据转换为二进制，然后才能执行运算。Python 中的位运算符如下。

运算符	描述
&	按位与运算符
|	按位或运算符
^	按位异或运算符
~	按位取反运算符
<<	左移运算符
>>	右移运算符

位运算只能用于整数，首先将整数转换成二进制数，然后右对齐，必要时左侧补 0，按照二进制位进行运算，最后再把计算结果转换为十进制数字返回。左移时右侧补 0，每左移一位相当于乘以 2；右移时左侧补 0，每右移一位相当于整除以 2。例如：

```
>>>a = 25
>>>b = 11
>>>a&b
9
>>>a|b
27
>>>a^b
18
>>>~a
-26
>>>a<<2
100
>>>a>>2
6
```

位运算首先把十进制转换成二进制，如 25 的二进制为 00011001，11 的二进制为 00001011，25&11=00011001&00001011=00001001，因此结果为 9。

2.4.6 成员运算符

成员运算符用于成员测试，Python 中成员运算符如下。

运算符	描述
in	如果在指定的序列中找到值，则返回 True，否则返回 False
not in	如果在指定的序列中没有找到值，则返回 True，否则返回 False

成员运算符用于测试一个对象是否为另一个对象的元素。例如：

```
>>> 3 in (1, 2, 3, 4, 5)
True
>>> 3 not in (1, 2, 3, 4, 5)
False
```

2.4.7 身份运算符

身份运算符用来测试两个对象是否是同一个，Python 中身份运算符如下。

运算符	描述
is	is 是判断两个标识符是否引用自同一对象
is not	is not 是判断两个标识符是否引用自不同对象

身份运算符用来测试两个对象是否是同一个，如果是则返回 True，否则返回 False。如

果两个对象是同一个，则两者具有相同的内存地址。例如：

```
>>> a = 3
>>> b = 5
>>> c = 5
>>> a is b
False
>>> a is not b
True
>>> b is c
True
>>> id(a)
140737081930048
>>> id(b)
140737081930112
>>> id(c)
140737081930112
```

上述代码中，从变量 a、b、c 的 id 可以看出，a 和 b 的 id 不同，因此 a is b 的值为 False，而 b 和 c 的 id 相同，因此 b is c 的值为 True。

2.4.8　运算符优先级

所谓优先级，就是当多个运算符同时出现在一个表达式中时，先执行哪个运算符。

Python 运算符的运算规则是：优先级高的运算先执行，优先级低的运算后执行，也可以像四则运算那样使用小括号，括号内的运算最先执行。运算符的优先级如表 2-2 所示。

表 2-2　运算符的优先级

运算符	说明
**	幂
~、+、-	取反、正号和负号
*、/、%、//	乘、除、取模和整除
+、-	加法和减法
<<、>>	右移和左移
&	按位"与"
^、|	异或和或
<、>、<=、>=、!=、==	小于、大于、小于等于、大于等于、不等于、等于
= %= /= //= -= += *= **=	赋值运算符
is、is not、in、not in	身份运算符、成员运算符
not	逻辑运算符取反
and	逻辑运算符与
or	逻辑运算符或

2.5 常用内置函数

内置函数包含在 builtins 中，每次启动 Python 解释器时都会自动将该模块装入内存中，不需要导入任何模块即可直接使用。Python 常用的内置函数及功能说明如表 2-3 所示。

表 2-3 Python 常用的内置函数及功能说明

函数	功能说明
abs(x)	返回 x 的绝对值
all(iterable)	如果可迭代对象 iterable 中所有元素的值都等价于 True，则返回 True
any(iterable)	如果可迭代对象 iterable 中所有元素的值都等价于 False，则返回 True
ascii(obj)	将对象转换为 ASCII 码表示形式，必要时使用转义字符来表示特定的字符
bin(x)	将十进制整数转换为二进制整数，返回结果为字符串
bool(x)	将参数 x 转换为布尔类型，无参数则返回 False
bytes(x)	将对象 x 转换为字节串表示形式
chr(x)	返回 Unicode 编码为 x 的字符
complex(real，[imag])	返回值为 real+imag*j 的复数
dict([x])	将参数 x 转换成字典，无参数则创建空字典
dir([obj])	返回指定对象或模块 obj 的成员列表，不带参数则返回当前作用域内的所有标识符
divmod(x,y)	返回一个包含商和余数的元组(x//y,x%y)
enumerate(iterable[,start])	将可迭代对象 iterable 中的所有元素的序号和元素值组合成若干元组，返回这些元组，其中元素序号从 0 或 start 参数开始
eval(s[,globals[,locals]])	计算并返回字符串 s 中表达式的值
exec(x)	执行代码或代码对象 x
exit()	退出当前解释器环境
filter(func,iterables)	将单参数函数的函数名作为 func 参数，参数 iterables 为序列或可迭代对象，作用是将每个元素传递给 func()函数处理，将返回函数值为 True 的原序列值或可迭代对象
float(x)	将整数或字符串 x 转换为浮点数并返回
help(obj)	返回对象 obj 的帮助信息
hex(x)	将十进制整数转换为十六进制整数，返回结果为字符串
id(obj)	返回对象 obj 的内存地址
input([提示])	显示提示，接收键盘输入的内容，返回字符串
int(x[,d])	将数字字符串 x 转换为整型，或者把 d 进制的字符串 x 转换为十进制并返回，d 默认为十进制
isinstance(obj,class_or_tuple)	测试 obj 是否为某数据类型的实例

(续表)

函数	功能说明
len(obj)	返回对象 obj 包含的元素个数
list([x])	将参数 x 转换为列表，无参数则创建空列表
map(func,*iterables)	将单参数函数的函数名作为 func 参数，*iterables 为序列或可迭代对象，作用是将每个元素传递给 func()函数处理，得到各项函数值，并以 map 对象返回
max(x)	返回给定的序列或可迭代对象 x 中所有元素的最大值
min(x)	返回给定的序列或可迭代对象 x 中所有元素的最小值
next(x)	返回迭代对象 x 中的下一个元素
oct(x)	把整数 x 转换为八进制数
open()	打开一个文件并返回文件对象
ord(x)	返回一个字符 x 的 Unicode 编码
pow(x,y,z=None)	返回 x 的 y 次方，等价于 x**y 或(x**y)%z
print()	基本输出函数
range([start,]stop[,step])	返回 range 对象，其中包含[start,stop)区间内以 step 为步长的整数
reversed(x)	返回参数 x 逆序后的序列或可迭代对象
round(x[,小数位数])	对 x 进行四舍五入，若不指定小数位数，则返回整数
set([x])	将参数 x 转换为集合，无参数则创建空集合
sorted(x,key=None, reverse=False)	返回排序后的列表，x 可以为序列或可迭代对象
str([x])	将参数 x 转换为字符串，无参数则创建空串
sum(x,start=0)	返回序列 x 中所有元素之和，若有 start，则返回 start+所有元素之和
tuple([x])	将参数 x 转换为元组，无参数则创建空元组
type(obj)	返回 obj 的类型
zip(iter1[,iter2[...]])	返回 zip 对象，其中元素为(iter1[i],iter2[i],...)形式的元组，结果元素的个数取决于参数元素个数最少的值

内置函数的功能非常强大，下面介绍其中一部分函数的用法，在编程时优先选择使用内置函数，因为内置函数的速度相对较快。

2.5.1　数据类型转换函数

内置函数 int()用于将一个字符串或数字转换为整型。参数可以是整数、实数、分数或合法的数字字符串，当参数为数字字符串时，还允许指定第二个参数 base，用来说明数字字符串的进制。例如：

```
>>> int(3.5)
3
```

```
>>> int('111',2)   # 将二进制转换成十进制
7
```

内置函数float()用于将其他类型数据转换为实数，str()函数将任意类型的数据转换为字符串。例如：

```
>>> float(3)
3.0
>>> float('3.14')
3.14
>>> str(123)
'123'
>>> str([1,2,3,4])
'[1, 2, 3, 4]'
```

内置函数 ord()用来返回单个字符的 Unicode 码，chr()函数用来返回 Unicode 编码对应的字符，ascii()函数将对象转换为 ASCII 码的表示形式，bytes()函数将指定对象转换为特定编码的字节串。例如：

```
>>> ord('a')
97
>>> chr(97)
'a'
>>> ascii('a')
"'a'"
>>> bytes('南昌理工','utf-8')
b'\xe5\x8d\x97\xe6\x98\x8c\xe7\x90\x86\xe5\xb7\xa5'
>>> bytes('南昌理工','gbk')
b'\xc4\xcf\xb2\xfd\xc0\xed\xb9\xa4'
```

list()、tuple()、dict()、set()函数分别用来把其他类型的数据转换为列表、元组、字典、集合。例如：

```
>>> list(range(5))
[0, 1, 2, 3, 4]
>>> tuple(range(5))
(0, 1, 2, 3, 4)
>>> dict(zip('abcd','1234'))
{'a': '1', 'b': '2', 'c': '3', 'd': '4'}
>>> set('1122334455')
{'3', '4', '1', '5', '2'}
```

2.5.2 序列结构或可迭代数据函数

函数 max()、min()、sum()、len()分别用于计算可迭代对象中所有元素的最大值、最小值、所有元素之和及对象的长度。其中，max()和 min()函数还支持 default 参数和 key 参数，

default 用来指定可迭代对象为空时默认返回的最大值和最小值，key 参数用来指定比较大小的依据。例如：

```
>>> max([5,2,7,4,9])
9
>>> min([5,2,7,4,9])
2
>>> sum([5,2,7,4,9])
27
>>> len([5,2,7,4,9])
5
>>> max(['23','123'],key=len)   # 返回最长的字符串
'123'
```

函数 sorted()对列表、元组、字典、集合或其他可迭代对象进行排序并返回新列表，函数 reversed()对可迭代对象进行翻转并返回可迭代 reversed 对象。例如：

```
>>> sorted([5,2,7,4,9])
[2, 4, 5, 7, 9]
>>> reversed([5,2,7,4,9])
<list_reverseiterator object at 0x0000018CFAEE38E0>
>>> list(reversed([5,2,7,4,9]))
[9, 4, 7, 2, 5]
```

函数 range()是 Python 中最常用的一个内置函数，在后面的循环结构中经常使用 range()函数来控制循环次数。例如：

```
>>> range(10)
range(0, 10)
>>> list(range(10))
[0, 1, 2, 3, 4, 5, 6, 7, 8, 9]
>>> list(range(0,10,2))
[0, 2, 4, 6, 8]
>>> for i in range(5):
print(f"第{i}次循环")
第 0 次循环
第 1 次循环
第 2 次循环
第 3 次循环
第 4 次循环
```

2.5.3　其他函数

函数 eval()可以用来计算字符串的值，也可以用来实现类型转换，将字符串中的数据类型转换成 Python 表达式原本的行。例如：

```
>>> eval('2+3*4')
14
>>> eval('10')
10
```

2.6 基本输入/输出

数据的输入与输出操作是计算机最基本的操作。基本输入是指从键盘上输入数据的操作，基本输出是指在屏幕上显示输出结果的操作。常用的输入与输出设备有很多，例如，摄像机、扫描仪、话筒、键盘等输入设备经过计算机解码后在显示器或打印机等终端进行输出显示，而基本的输入和输出是指我们平时从键盘上输入字符，然后在屏幕上显示。通常，一个程序都会有输入/输出，Python 可以用 input()函数进行输入，用 print()函数进行输出。

2.6.1 输入语句

输入语句是在程序运行时从输入设备获取数据。在 Python 中，可以通过 input()函数获取键盘输入数据，基本语法如下。

```
字符串变量 = input("提示信息")
```

input()函数执行过程：首先在控制台输出提示信息，其次从键盘输入，最后按Enter 键结束，函数返回用户输入的字符串(不包括最后的回车符)，保存在字符串变量中，系统继续执行 input()函数后面的语句。例如：

```
>>>name = input("请输入你的姓名：")
```

用户输入的任何内容 Python 都认为是一个字符串。如果需要输入数值型的内容，则必须将输入的内容转换成相应的其他类型才能进行操作，否则系统会报错。例如：

```
>>>price = float(input("请输入商品的价格："))
```

该语句通过从键盘上输入一串数字字符串，再利用 float()函数将数字字符串转换成浮点类型的数值。或者可以用 eval()函数对用户输入的内容进行转换。例如：

```
>>> x = input('please input:')
please input:[1,2,3]
>>> x
'[1,2,3]'
>>> eval(x)
[1, 2, 3]
```

2.6.2　输出语句

在 Python 中，使用内置的 print()函数可以将结果输出到标准控制台上，其一般格式如下。

```
print(value, ..., sep=' ', end='\n', file=sys.stdout, flush=False)
```

参数说明如下。

- value：表示需要输出的对象，一次可以输出一个或多个对象，当输出多个对象时，对象之间用逗号分隔。
- sep：表示输出时对象之间的间隔符，默认用一个空格分隔。
- end：表示输出以何字符结尾，默认是换行符。
- file：表示输出位置，可输出到文件，file 指定的对象要有“写”的方法，默认是 sys.stdout(标准输出)。
- flush：表示缓存中的内容是否强制刷新输出，默认值是 False。

例如：

```
>>>name = "李源"
>>>age = 20
>>>print(name)
李源
>>>print(age)
20
>>>print(name,age)
李源 20
>>>print(name,age,sep=":")   # 设置分隔符为"："
李源:20
```

Python 中 print()函数语句输出完成之后默认换行，如果输出的结果不需要换行，则可以将 end 参数设置为空，即将输出的结束符换行设置成空，输出完成后不会进行换行。例如：

```
>>> for i in range(5):
       print(i,end='')
01234
>>> with open('c\\test.txt','w') as f:
          print('Hello world!', file=f)
将输出 Hello world!写入 C 盘 test.txt 文件
```

2.6.3　格式化输出

print()函数还可以使用字符串格式化控制输出形式。在 Python 中，要实现格式化字符串，可以使用“%”操作符，基本格式如下。

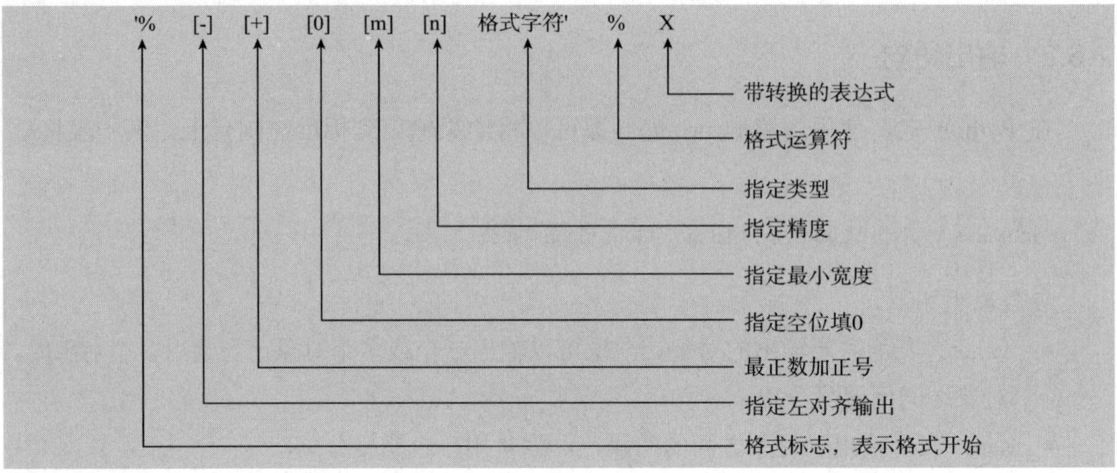

常见格式字符如表 2-4 所示。

表 2-4　常见格式字符

格式符	控制显示的类型	示例
%s	字符串	print("name=%s" %(python))
%o,%x	二进制、八进制、十六进制整数	print("%o %x" %(9,9))
%d	十进制整数	print("age=%d" %(18))
%f	浮点数	print("pi=%f " %(3.14))
%e,%E	科学记数法的浮点数(基底写为 e 或 E)	print("年收入为：%e" %(10000000))
%%	字符"%"	print("成功率为：%f%%" %(99.99))

例如：

```
>>>name = "李源"
>>>age = 20
>>>print("%s 的年龄是%d 岁"%(name,age))
李源的年龄是 20 岁
```

综上，可以看出，如果需要在字符串中通过格式化字符输出多个值，则将每个对应值右放在一对圆括号()中，值与值之间使用英文逗号隔开。

Python 3 还支持用格式化字符串的函数 str.format()进行字符串格式化。该函数在形式上相当于通过{}来代替%，但功能更加强大。若要调用此方法，则只需将格式化内容的位置用大括号{}占位，所有的定义都是在 format()函数中执行。例如：

```
>>>name = "李源"
>>>age = 20
>>>print("{}的年龄是{}岁".format(name, age))
李源的年龄是 20 岁
```

format()函数还可以用接收参数的方式对字符串进行格式化，参数位置可以不按顺序，参数可以不用或多次使用。例如：

```
>>>name = "李源"
>>>age = 20
>>>print("{0}的年龄是{1}岁".format(name, age))
李源的年龄是 20 岁
>>>print("{name}的年龄是{age}岁".format(age, name))
李源的年龄是 20 岁
```

2.6.4　f-strings 格式化输出

f-strings 是 Python 3.6 开始加入标准库的格式化输出新的写法，f-strings 的效率较格式化字符和 str.format()高一些，使用起来也简单一些。

f-strings 用大括{ }表示被替换字段，在其中直接填入替换内容即可。

```
>>>name = "李源"
>>>age = 20
>>>print(f"{name}的年龄是{age}岁")
李源的年龄是 20 岁
```

2.7　应用举例

例 1：从键盘输入出生年份，计算年龄大小。

解题思路：程序使用 input()函数，从键盘上输入一个 4 位的出生年份，用 datetime 模块获取当前的年份，然后用获取到的年份减去从键盘输入的出生年份，即得到年龄大小，由于 input 获取到的数据是字符串，因此需要用 int()函数进行转换。在 PyCharm 中编辑程序并运行(后续程序均在 PyCharm 中编辑运行)如下。

```
import datetime
birthday_year = int(input("请输入 4 位数字出生年份："))
now_year = datetime.datetime.now().year
age = now_year - birthday_year
print(age)
```

运行结果如下。

```
请输入 4 位数字出生年份:1981
40
```

例 2：从键盘输入一个三位自然数，计算其百位、十位和个位上的数字并输出。代码如下。

```
x = input("请输入一个三位数:")
x = int(x)
a = x // 100
b = x // 10 % 10
```

```
c = x % 10
print(a, b, c)
```

运行结果如下。

```
请输入一个 3 位数：318
3 1 8
```

例 3：反转一个三位数。代码如下。

```
x = input("请输入一个三位数:")
x = int(x)
a = x // 100
b = x // 10 % 10
c = x % 10
y = c*100+b*10+a
print('反转之后的数是：',y)
```

运行结果如下。

```
请输入一个三位数: 318
反转之后的数是: 813
```

例 4：输入一个商品单价、商品数量、收款金额，计算应找零多少钱。代码如下。

```
price = input("商品单价:")
number = input("商品数量:")
receipt = input("收款金额:")
change = int(receipt) - float(price) * int(number)
change = round(change,1)
print("找零:",change)
```

运行结果如下。

```
商品单价:3.27
商品数量:24
收款金额:100
找零: 21.5
```

2.8 本章小结

本章首先介绍了 Python 中的变量和基本数据类型；其次介绍了常用的运算符及表达式，包括算术运算符、赋值运算符、比较运算符、逻辑运算符、条件运算符和位运算符等，另外，在一个表达式中同时使用多个运算符时，需要考虑运算符的优先级和结合性；最后介绍了 Python 中的一些内置函数及基本输入输出函数的使用。

2.9 习题

1. 填空题

(1) 布尔类型的数据有 True 和________两种值。

(2) 使用________函数可以查看数据的类型。

(3) str()函数用于将数据转换为________类型的数据。

(4) 表达式 int('654'，8)的值为________。

(5) 表达式 round(3.7)的值为________。

(6) 若 a=3，b=2，则 a+=b 的结果为________。

(7) 表达式(1<2)+3<4 的值为________。

(8) 表达式 5 and 3 的值为________。

2. 选择题

(1) 下列关于运算符/和//，错误的是(　　)。

A. 3/5 的结果是 0.6　　B. 3//5 的结果是 0

C. 3.0/5 的结果是 0.6　　D. 3.0//5 的结果是显示有语法错误

(2) 表达式 '123'+"45"的值是(　　)。

A. 语法错误　　B. 168　　C. '12345'　　D. 12345

(3) 下列关于 Python 内存管理的说法错误的是(　　)。

A. 变量不必事先声明

B. 变量无须先创建和赋值即可直接使用

C. 变量无须指定类型

D. 可以使用 del 释放资源

(4) 下列不是 Python 保留字的是(　　)。

A. AND　　B. while　　C. None　　D. is

(5) Python 不支持(　　)数据类型。

A. char　　B. int　　C. float　　D. list

(6) 下面代码的输出结果是(　　)。

```
>>>x=0b1010
>>>print(x)
```

A. 1024　　B. 10　　C. 16　　D. 256

(7) 以下选项中，输出结果为 False 的是(　　)。

A. >>> 5 is 5　　　　B. >>> False !=0

C. >>> 5 is not 4　　　　D. >>> 5 != 4

(8) 下面代码的输出结果是(　　)。

```
x = 1
x *= 3+5**2
print(x)
```

A. 29　　B. 28　　C. 13　　D. 14

3. 简答题

(1) 简述 Python 变量的命名规范。

(2) Python 中有哪些数据类型？

(3) 简述运算符/和//的区别。

4. 编程题

(1) 编写程序，从键盘输入圆的半径，计算圆的周长和面积并输出。

(2) 编写程序，实现交换两个变量的值。

(3) 编写程序，从键盘输入父亲和母亲的身高，预测儿子的身高，并输出结果。计算公式为：儿子身高=(父亲身高+母亲身高)×0.54。

(4) 编写程序，从键盘输入身高体重，计算出身体质量指数 BMI 指数，并输出结果。计算公式为：BMI=体重(kg)÷身高^2(m)。

第 3 章 程序控制结构

任何一门编程语言的程序执行过程中都有顺序结构、分支结构、循环结构 3 种结构。顺序结构是代码按照书写顺序依次执行；分支结构是依据一定的条件选择执行路径的程序结构；循环结构是程序中需要反复执行某个功能而设置的一种程序结构。Python 中同样具有 3 种结构，本章主要介绍分支结构、循环结构及循环控制语句。

3.1 分支结构

生活中我们过马路时需要根据红绿灯来判断是走还是停，如果是绿灯就可以通行，如果是红灯则需要停下来等待。同样，计算机在执行程序时也是根据条件判断需要执行哪些语句的，这就是分支结构。

Python 的分支结构主要有单分支语句、双分支语句、多分支语句及嵌套分支语句。

3.1.1 单分支语句

单分支 if 语句由关键字 if、条件表达式和表达式为真时要执行的代码三部分组成。其语法格式如下。

```
if 条件表达式:
    语句块
```

单分支 if 语句的流程如图 3-1 所示。

执行语句时，判断表达式的值为真还是假，如果为真，则执行语句块；如果为假，则不执行语句块，而是执行分支结构后面的语句。

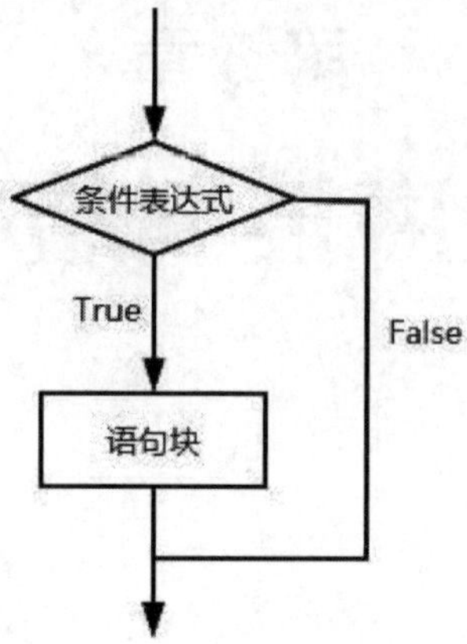

图 3-1　单分支 if 语句的流程

其中条件表达式多数为比较表达式或逻辑表达式，也可以是其他的表达式，表达式后面必须加冒号。语句块可以是一条语句，也可以是多条语句，多条语句要有统一的缩进格式，否则会出现逻辑错误或导致语法错误。

下面的代码实现输入两个数，按从小到大的排序输出。

```
a, b = eval(input("Please input a,b:"))
if a>b:
    a, b = b, a
print(a, b)
```

运行结果如下。

```
Please input a,b:5,3
3  5
```

使用 if 语句时，如果只有一条语句，则语句可以直接写到冒号的右侧，如下面的程序。

```
age = eval(input("请输入小孩的年龄:"))
if age>=6:print("已经达到小学入学年龄了。")
```

运行结果如下。

```
请输入小孩的年龄:6
已经达到小学入学年龄了。
```

3.1.2　双分支语句

双分支 if-else 语句的语法格式如下。

```
if 条件表达式:
    语句块 1
else:
    语句块 2
```

双分支 if-else 语句的流程如图 3-2 所示。

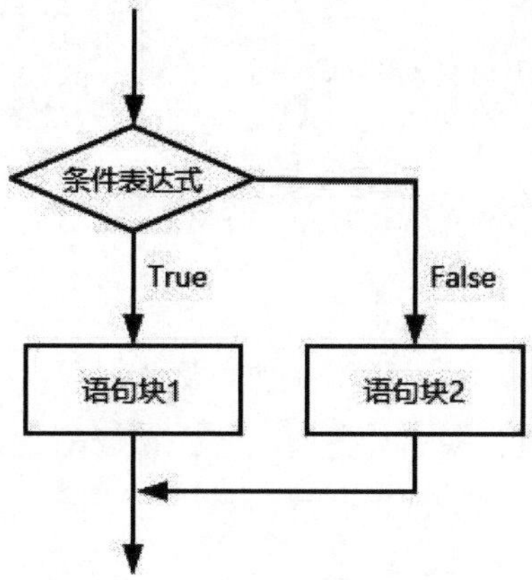

图 3-2　双分支 if-else 语句的流程

执行语句时，首先判断条件表达式的值为真还是假。如果为真，则执行语句块 1 的操作；如果为假，则执行语句块 2 的操作。语句块 1 和语句块 2 既可以包含多条语句，也可以只有一条语句，两个语句块总有一个会执行，然后执行分支结构后面的语句。

双分支 if-else 语句要注意 else 后面必须加冒号，语句块 1 和语句块 2 的缩进要保持一致。

下面是利用双分支 if-else 语句改写输入两个数，按从小到大的排序输出。

```
a, b = eval(input("Please input a,b:"))
if a<b:
    print(a,b)
else:
     print(b,a)
```

运行结果如下。

```
Please input a,b:5,3
3   5
```

编写程序，判断一个数是奇数还是偶数，代码如下。

```
x = int(input("请输入一个整数:"))
     if x%2==0:
     print(f"{x}是偶数")
else:
     print(f"{x}是奇数")
```

运行结果如下。

```
请输入一个整数:33
33 是奇数
```

编写一个程序，从键盘输入一个年份，判断是否是闰年，代码如下。

```
year = int(input("请输入年份:"))
if year%4== 0 and year%100!= 0 or year%400 == 0:
    print(f"{year}年是闰年")
else:
    print(f"{year}年不是闰年")
```

运行结果 1 如下。

```
请输入年份:2020
2020 年是闰年
```

运行结果 2 如下。

```
请输入年份:2021
2021 年不是闰年
```

另外，Python 还提供了一个三元运算符，可以实现与选择结构相似的效果，语法如下。

```
value1 if condition else value2
```

若条件表达式 condition 的值为真，则表达式的结果为 value1，否则表达式的结果为 value2。例如：

```
>>> a = 6
>>> print("符合上学年龄") if a>=6 else print("不符合上学年龄")
符合上学年龄
>>> x = 13
>>> print(f"{x}是偶数") if x%2==0 else print(f"{x}是奇数")
13 是奇数
```

3.1.3 多分支语句

前面介绍的都是实现两分支的分支语句，在现实生活中经常会遇到需要多分支的情况。例如，对学习情况进行分类，90 分以上的为优秀，80～89 分为良好，70～79 分为中等，60～70 分为及格，59 分以下为不及格，此时我们需要分为 5 个分支。Python 语言可利用 if-elif 语句来实现多分支的结构，其语法格式如下。

```
if 条件表达式 1:
    语句块 1
elif 条件表达式 2:
    语句块 2
elif 条件表达式 3:
    语句块 3
⋮
```

```
else:
    语句块 n
```

多分支 if-elif 语句的流程如图 3-3 所示。

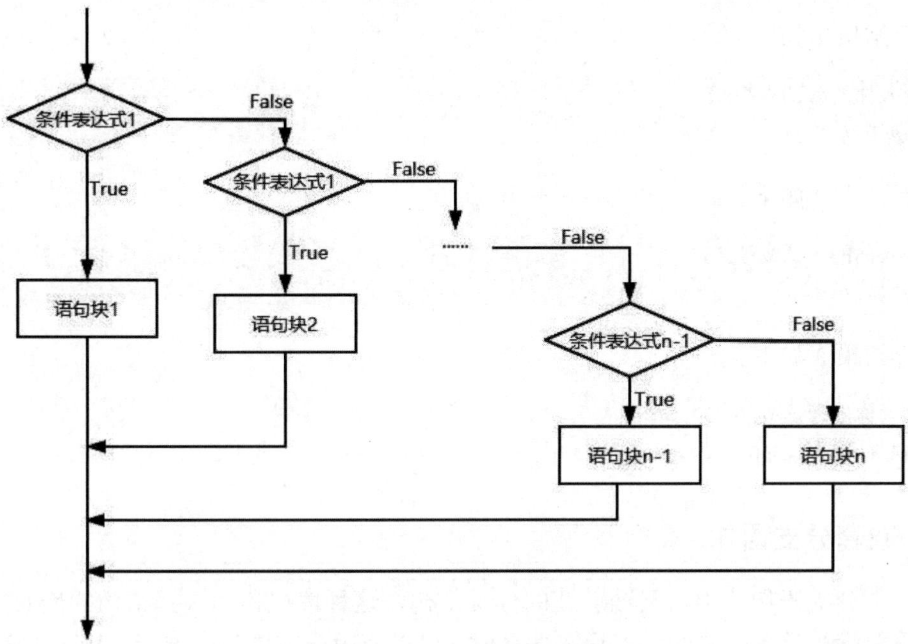

图 3-3　多分支 if-elif 语句的流程

if-elif 多分支结构先判断条件表达式 1 的真假，如果条件表达式 1 的结果为真，则执行语句块 1 的操作；如果条件表达式 1 的结果为假，则继续判断条件表达式 2 的真假；如果条件表达式 2 为真，则执行语句块 2 的操作；如果条件表达式 2 的结果为假，则继续判断条件表达式 3 的真假；以此类推，依次继续判断条件表达式，找到一个为真的条件表达式，就执行该条件表达式下的语句块，不再判断其他的条件表达式。如果所有条件表达式均为假，则执行 else 后面的语句块；如果没有 else 语句块，则不执行任何操作。任何一个分支的语句块执行之后，结束该分支语句。

所有的语句块既可以包含多条语句，也可以只包含一条语句。所有语句体的缩进应保持一致。

编写程序，利用 if-elif 语句输出考试成绩的等级，代码如下。

```
score = int(input("请输入你的考试成绩:"))
if score>=90:
    print("你的成绩是优秀!")
elif score>=80:
    print("你的成绩是良好!")
elif score>=70:
    print("你的成绩是中等!")
```

```
elif score>=60:
    print("你的成绩是及格!")
else:
    print("对不起，没有及格!")
```

运行结果 1 如下。

```
请输入你的考试成绩:98
你的成绩是优秀!
```

运行结果 2 如下。

```
请输入你的考试成绩:76
你的成绩是中等!
```

运行结果 3 如下。

```
请输入你的考试成绩:53
对不起，没有及格!
```

3.1.4 嵌套分支语句

在一个分支语句体中，又嵌套新的分支结构，这种情况称为选择结构的嵌套。当有多个条件需要满足且条件之间具有递进关系时，可以使用分支语句的嵌套。其语法格式如下。

```
if 条件表达式 1：
    语句块 1
    if 条件表达式 2：
        语句块 2
    else:
        语句块 3
else:
    if 条件表达式 3
        语句块 4
    ...
```

在嵌套的分支结构中，外层的 if 语句和内层的 if 语句均可以是单分支、双分支或多分支结构。

例如，利用嵌套的分支结构求 3 个整数的最大值，代码如下。

```
a, b, c = eval(input("Please input a,b,c:"))
if a > b:
    if a > c:
        print("max=", a)
    else:
        print("max=", c)
else:
```

```
        if b > c:
            print("max=", b)
        else:
            print("max=", c)
```

运行结果如下。

```
Please input a,b,c:1,2,3
max= 3
```

if 选择结构有多种嵌套方式，在开发程序时，可以根据自己的需求选择合适的嵌套方式，但一定要严格控制好不同级别代码块的缩进量。

3.2 循环结构

在现实生活中，除了需要做选择之外，还有很多工作是需要重复的，如前面提到的交通信号灯就是在一直不停地重复红绿灯。程序中也有很多代码需要重复，这种重复执行的代码就是循环结构。Python 语言中提供了两种语句来实现循环，一种是 while 语句，另一种是 for 语句，下面将进行详细讲解。

3.2.1 while 语句

while 语句是根据条件来控制是否需要反复执行循环体中的语句体，基本的 while 语句结构如下。

```
while 条件表达式:
    循环体
```

基本 while 循环由关键字 while、条件表达式、循环体构成。while 语句的流程如图 3-4 所示。

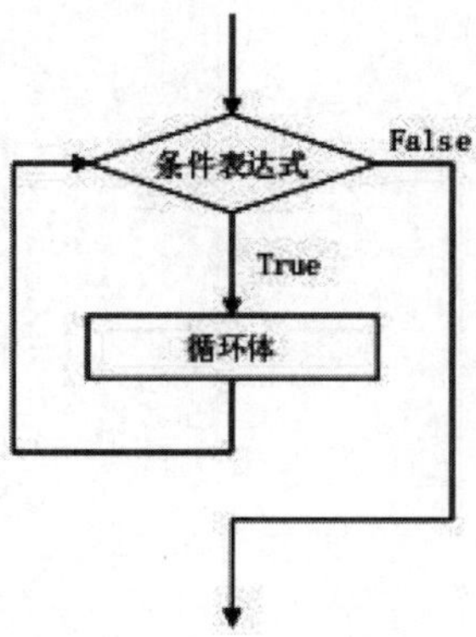

图 3-4　while 语句的流程

运行该语句时，先计算条件表达式的值，若条件表达式的值为真，则执行循环体，并返回到条件处，重新计算条件表达式的值后决定是否重复执行循环体；若条件表达式的值为假，则循环结束，执行 while 语句之后的后续语句。

同样，while 语句的格式中，条件表达式后面必须带冒号，循环体中的语句保持统一的缩进。循环开始之前，如果条件表达式的值为假，则不会进入循环体执行，即 while 语句有可能一次都不会被执行。

循环体中要有语句改变循环变量的值，以使得条件表达式因为循环变量值的改变而可能出现结果为假，从而结束循环体的执行，否则会造成死循环。

下面通过示例来演示 while 循环语句的使用。例如，利用 while 循环求 1+2+3+…+100 的值，代码如下。

```
i = 1
sum = 0
while i<=100:
    sum += i
    i += 1
print(sum)
```

运行结果如下。

```
5050
```

程序中，i 是循环变量，初始值为 1，每次循环加 1，用 i 的变化来控制循环次数，sum 用来累加求和。

下面的代码是计算 π 的近似值，直到最后一项的绝对值小于 10^{-6} 为止，公式如下。

$$\frac{\pi}{4} \approx 1-\frac{1}{3}+\frac{1}{5}-\frac{1}{7}+\frac{1}{9}-\cdots$$

```
n = 1
t = 1
total = 0
flag = 1
while abs(t)>=1e-6:
    total = total+t
    flag = -flag
    n += 2
    t = flag*1.0/n
print("π= %f"%(total*4))
```

运行结果如下。

```
π= 3.141591
```

下面代码的功能是输入一个整数，求它的各位数字之和，利用 while 循环实现。

```
n = int(input("请输入一个整数:"))
sum = 0
while n:
    sum += n%10
    n //=10
print(sum)
```

运行结果如下。

```
请输入一个整数:627
15
```

下面的代码实现输入两个正整数，求它们的最大公约数。

```
m, n = eval(input("请输入两个正整数 m,n:"))
if m < n:
    m, n = n, m
r = m % n
while r:
    m = n
    n = r
    r = m % n
print("最大公约数为:", n)
```

运行结果如下。

```
请输入两个正整数 m,n:36,48
最大公约数为: 12
```

3.2.2 for 语句

for 语句是循环结构中比较常用的循环语句，需要有序列或可迭代对象参与，通过遍历一个序列或可迭代对象中的每个元素来建立循环，一般用于实现已知循环次数的循环结构。其语法格式如下。

```
for 变量 in 序列或可迭代对象:
    循环体
```

for 语句的执行过程是：从序列或可迭代对象中逐一提取元素，放入循环变量，每执行一次循环体，往后提取一个元素，循环次数就是元素的个数，直到序列或可迭代对象中没有元素可取，循环终止。for 语句的流程如图 3-5 所示。

例如，for 循环把字符串中的字符遍历出来，代码如下。

```
for letter in 'Python':
    print(letter)
```

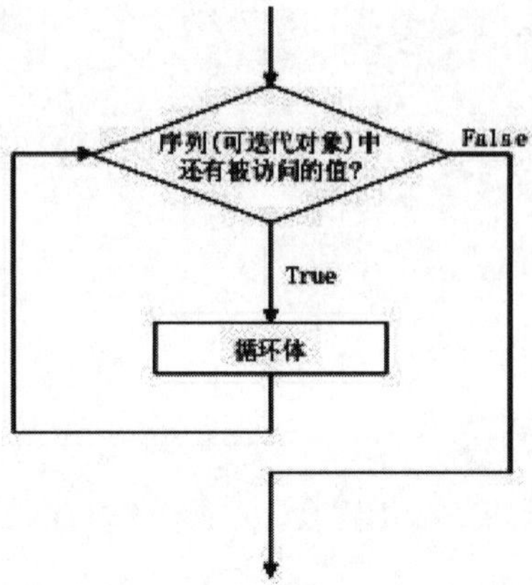

图 3-5　for 语句的流程

运行结果 1 如下。

```
P
y
t
h
o
n
for 循环把列表中的元素遍历出来
for i in ['Python', 'C', 'Java']:
    print(i)
```

运行结果 2 如下。

```
Python
C
Java
```

利用列表可以输出一些简单的内容，如果循环次数过多，可以使用 range()函数来实现。range()函数用于产生一个整数序列。其语法格式如下。

```
range(start, stop, step)
```

参数说明如下。

- start：整数序列的起始值，可以省略，如果省略，则默认值为 0。
- stop：整数序列的结束值(但不包括该值)，不能省略，当 range()函数中只有一个值时，即为结束值。
- step：整数序列的步长，即两个数之间的间隔，可以省略，如果省略，则默认值步长为 1。

在使用 range()函数时，如果只有一个参数，则表示指定的是 end；如果有两个参数，则表示指定的是 start 和 end；如果 3 个参数都存在，则最后一个参数才表示步长。

下面代码是利用 for 循环求 1+2+3+…+100 的值。

```
sum = 0
for i in range(1,101):
    sum += i
print(sum)
```

运行结果如下。

```
5050
```

下面代码是利用 for 语句实现求一个整数的各位之和。

```
n = input("请输入一个整数:")
sum = 0
for i in n:
    sum += int(i)
print(sum)
```

运行结果如下。

```
请输入一个整数:3561
15
```

3.3 循环控制语句

当循环结构的条件一直满足时，程序就会一直执行下去，但是有些情况下，程序需要终止，跳出循环结构。Python 语言提供了 break 和 continue 两个保留字，以实现循环控制。

3.3.1 break 语句

break 语句可以用在 while 和 for 循环中，作用是终止当前的循环。break 语句通常与 if 结构结合使用，特别是符合某个条件跳出循环。其语法格式如下。

```
while 条件表达式 1:              for 变量 in 序列或可迭代对象:
    代码段 1                     代码段 1
    if 条件表达式 2:             if 条件表达式 2:
        break                            break
    代码段 2                     代码段 2
```

下面是 break 使用示例。

```
while True:
    name = input("请输入姓名:")
```

```
    if name == "exit":
        break
print("Thank you!")
```

下面程序实现猜数字游戏。

```
import random
number = random.randint(1,100)                    #生成范围在 1～100 的随机整数
count = 0
while True:
    guess = int(input("请输入你猜的数:"))
    count += 1
if guess>number:
        print("大了")
    elif guess<number:
        print("小了")
    else:
        print(f"正确，猜了{count}次")
        break
```

3.3.2 continue 语句

continue 语句的作用是终止本次循环提前进入下一次循环中。与 break 语句类似，continue 语句一般也是和 if 语句结合使用，其语法结构也与 break 类似，将结构中的 break 改为 continue 即可。

下面程序利用 continue 语句完成输出 10 以内的所有奇数。

```
for i in range(10):
    if i%2==0:
        continue
    print(i)
```

编写程序，完成逢 7 拍腿游戏，从 1 开始数数，当数到 7 或 7 的倍数或尾数为 7 时，则不说出该数，而是拍一下大腿。计算从 1 数到 99，一共要拍多少次腿，利用 continue 实现。代码如下。

```
total = 99
for num in range(1,100):
    if num % 7 == 0:
        continue
    elif str(num).endswith('7'):
        continue
    total -= 1
print(f"从 1 到 99 共拍腿{total}次")
```

运行结果如下。

```
从 1 到 99 共拍腿 22 次
```

break 语句和 continue 语句的主要区别如下。

(1) break 语句一旦被执行，则整个当前循环将被终止。

(2) continue 语句的执行不会终止整个当前循环，只是提前结束本次循环，跳过循环体中本次循环的剩余语句，提前进入下一次循环。

思考：上述程序如果把 continue 语句改为 break 语句来写，会导致结果如何？请读者自行验证。

3.4 循环嵌套

循环嵌套是指在一个循环中又包含另外一个循环，如可以在 while 循环中嵌入 while 循环，也可以在 while 循环中嵌入 for 循环，同样可以在 for 循环中嵌入 while 循环和 for 循环，还可以多层嵌套，但一般不提倡嵌套层数过多，以保证程序的可读性。

循环嵌套的执行过程：先进入外层循环第一轮，然后执行完所有内层循环，接着进入外层循环第二轮，然后再次执行完内层循环，以此类推，直到所有内层循环执行完毕。

下面程序是打印九九乘法表的循环嵌套示例。

```
for i in range(1,10):
    for j in range(1,i+1):
        print(f'{j}*{i}={i*j}', end='   ')
    print()
```

运行结果如下。

```
1*1=1
1*2=2   2*2=4
1*3=3   2*3=6    3*3=9
1*4=4   2*4=8    3*4=12   4*4=16
1*5=5   2*5=10   3*5=15   4*5=20   5*5=25
1*6=6   2*6=12   3*6=18   4*6=24   5*6=30   6*6=36
1*7=7   2*7=14   3*7=21   4*7=28   5*7=35   6*7=42   7*7=49
1*8=8   2*8=16   3*8=24   4*8=32   5*8=40   6*8=48   7*8=56   8*8=64
1*9=9   2*9=18   3*9=27   4*9=36   5*9=45   6*9=54   7*9=63   8*9=72   9*9=81
```

程序使用双重循环，使用两个循环变量 i 和 j，i 用于控制外循环，即控制打印九九乘法表的行数，j 用于控制内循环，即控制九九乘法表每一行打印的内容。

下面编写程序，求 1!+2!+3!+…+n!。

```
n = int(input("请输入要求阶乘的 n 的值:"))
sum = 0
```

```
for i in range(1,n+1):
    a = 1
    for j in range(1,i+1):
        a = a * j
    sum += a
print("1!+2!+3!+…+%d!=%d"%(n,sum))
```

运行结果如下。

```
请输入要求阶乘的 n 的值:10
1!+2!+3!+…+10!=4037913
```

程序中内层循环求 n!，利用变量 a 来保存；外层循环求阶乘累加和，利用 sum 来保存。将上面的问题稍微修改一下，求 1!+2!+3!+…+n!，直到其和超过 1000 为止。

```
sum = 0
n = 1
while sum<1000:
    a = 1
    for i in range(1,n+1):
        a = a * i
    sum = sum + a
    n += 1
sum = sum - a
print("1!+2!+3!+…+%d!=%d"%(n-2,sum))
```

运行结果如下。

```
1!+2!+3!+…+6!=873
```

由于最后所求的阶乘之和大于1000 才会结束循环，因此要减去最后一个数的阶乘。另外，由于最后一个数阶乘求完之后 n 的值又加了 1，因此，n 的值要减掉 2。

使用循环嵌套应注意以下几个问题。

(1) 外循环每执行一次，内循环就要执行一个完整的循环。

(2) 可以使用不同的循环语句相互嵌套来解决复杂的问题。

(3) 使用 break 语句，只能跳出 break 语句所在那层的循环，而不能跳出整个嵌套循环中的所有层循环。

(4) 嵌套循环中，应注意语句的缩进，错误的缩进会使语句属于错误的循环层。

3.5 带 else 的循环语句

前面介绍了简单的 while 和 for 循环结构，与其他编程语言不同的是，Python 中还支持 while…else 和 for…else 语句的语法。

1. 带 else 的 while 语句的语法

带 else 的 while 语句的语法如下。

```
while 条件表达式:
    循环体
else:
        else 语句体
```

当条件表达式为真时执行循环体。当循环因为 while 后的条件表达式为假而导致循环终止时，else 语句体执行一次，然后结束循环结构，继续执行循环结构后面的语句。如果该循环是因为执行了循环体中的 break 语句而导致终止循环，则 else 语句块不会执行，直接结束该循环结构，继续执行循环结构后面的语句。while…else 结构的执行流程如图 3-6 所示。

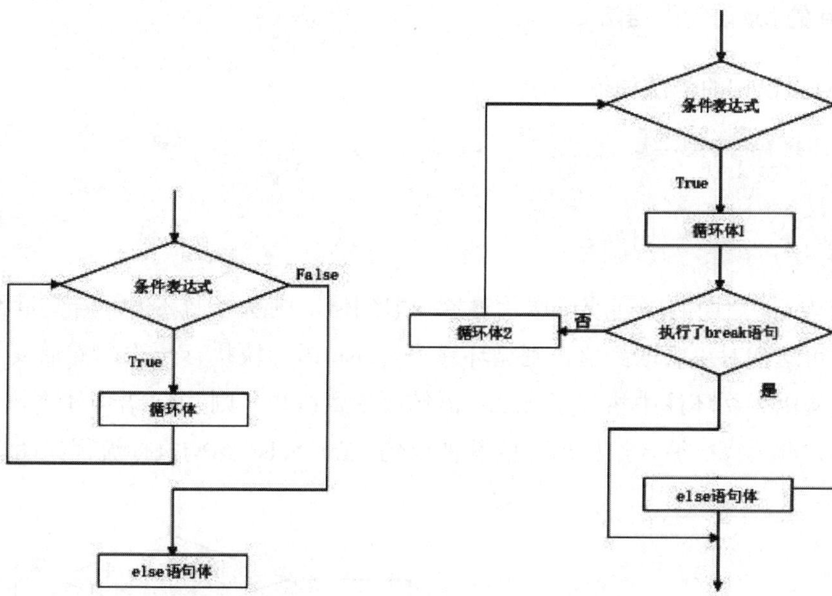

图 3-6　while…else 结构的执行流程

下面是利用 while…else 结构实现猜数字游戏的代码。

```
import random                          #random 的用法详见本书后期的介绍
num = random.randint(1,10)             #生成范围在 1～10 的随机整数
count = 0
while count < 3:
    guess = int(input("请输入您的猜测:"))
    if guess > num:
        print("您的猜测偏大!")
    elif guess < num:
        print("您的猜测偏小!")
    else:
        print("恭喜您，猜对了!")
```

```
            Break
        count += 1
else:
    print("很遗憾，三次全猜错了!")
```

运行结果如下。

```
请输入您的猜测:5
您的猜测偏小!
请输入您的猜测:6
您的猜测偏小!
请输入您的猜测:7
您的猜测偏小!
很遗憾，三次全猜错了!
```

2. 带 else 的 for 语句的语法

带 else 的 for 语句的语法如下。

```
for 变量 in 序列或可迭代对象：
    循环体
else：
    else 语句体
```

若变量能从 in 后面的序列或可迭代对象中取到值，则执行循环体。若变量不能从 in 后面的序列或可迭代对象中取到值，则循环终止，else 语句块执行一次，然后终止循环结构。若循环结构因为循环体中执行了 break 语句而导致终止，则 else 语句体不执行，直接终止循环结构，继续执行循环结构后面的其他语句。for…else 结构执行流程如图 3-7 所示。

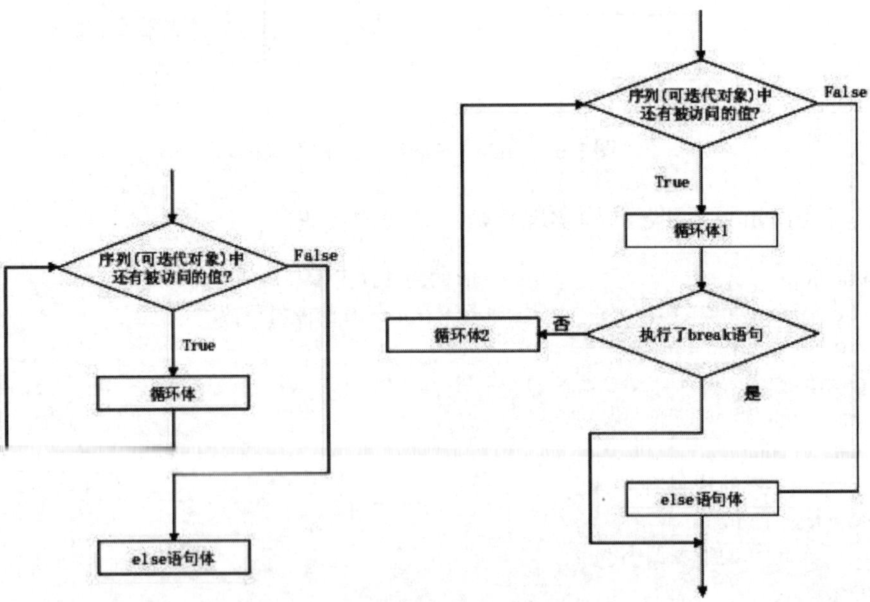

图 3-7　for…else 结构执行流程

下面是利用 for···else 结构实现判断一个整数是否是素数的代码。

```
n = int(input("请输入一个整数:"))
for i in range(2,n):
    if n % i == 0:
        print(f"{n}不是素数")
        Break
else:
    print(f"{n}是素数")
```

运行结果如下。

```
请输入一个整数:19
19 是素数
```

3.6 应用举例

例 1：编写程序，输入三条边长，如果能构成三角形就计算周长和面积。

```
a = float(input('a = '))
b = float(input('b = '))
c = float(input('c = '))
if a + b > c and a + c > b and b + c > a:
    print('周长: %f' % (a + b + c))
    p = (a + b + c) / 2
    area = (p * (p - a) * (p - b) * (p - c)) ** 0.5
    print('面积: %f' % (area))
else:
    print('不能构成三角形')
```

运行结果如下。

```
a = 3
b = 4
c = 5
周长: 12.000000
面积: 6.000000
```

例 2：编写程序，解决以下问题。

已知 4 个人中有一个人做了好事，有 3 个人说了真话，请根据下面的对话判断是谁做的好事。

A. 不是我　　B. 是 C　　C. 是 D　　D. C 胡说

解题思路：做好事的人是 4 个人中的 1 个，可以将 4 个人的编号存入列表中，然后使用 for 循环依次判断；有 3 个人说了真话，将编号依次代入，使用 if 语句判断是否满足 3

个人说真话的条件，如果满足，则输出结果。代码如下。

```
for name in ['A','B','C','D']:
    if (name!='A')+(name=='C')+(name=='D')+(name!='D') == 3:
        print(name,'做了好事')
```

运行结果如下。

```
C 做了好事
```

例 3：利用 $e=1+\frac{1}{1!}+\frac{1}{2!}+\frac{1}{3!}+\cdots+\frac{1}{n!}$，编写程序计算 e 的近似值，要求直到最后一项的值小于 1e-8，计算终止，输出最后一个 n 的值及 e 的值。代码如下。

```
e = 1
n = 1
while True:
    s = 1
    for i in range(1,n+1):
        s = s * i
    e = e + 1/s
    if 1/s <1e-8:
        break
    n = n + 1
print('n=',n)
print('e=',e)
```

运行结果如下。

```
n= 12
e= 2.7182818282861687
```

例 4：编写程序，输出所有三位数的素数。代码如下。

```
for i in range(100,1000):
    j = 2
    flag = 1
    while j<i:
        if i%j == 0:
            flag = 0
            Break
        j += 1
    if flag == 1:
        print(i, end='   ')
```

运行结果如下。

```
101  103  107  109  113  127  131  137  139  149  151  157  163  167  173  179  181
191  193  197  199  211  223  227  229  233  239  241  251  257  263  269  271  277
```

```
281 283 293 307 311 313 317 331 337 347 349 353 359 367 373 379 383
389 397 401 409 419 421 431 433 439 443 449 457 461 463 467 479 487
491 499 503 509 521 523 541 547 557 563 569 571 577 587 593 599 601
607 613 617 619 631 641 643 647 653 659 661 673 677 683 691 701 709
719 727 733 739 743 751 757 761 769 773 787 797 809 811 821 823 827
829 839 853 857 859 863 877 881 883 887 907 911 919 929 937 941 947
953 967 971 977 983 991 997
```

例 5：编写程序求表达式 a + aa + aaa + aaaa+⋯的结果，其中 a 是 1~9 的数字，求和的项数用 n 来控制。例如，a 为 3，n 为 5，求 3 + 33 + 333 + 3333 + 33333 的值。代码如下。

```
a = int(input('请输入 a 的值：'))
n = int(input('请输入 n 的值：'))
sum = 0
for i in range(n, 0, -1):
    b = 0
    for j in range(1, i + 1):
        b = b * 10 + a
    sum += b
print('结果值为',sum)
```

运行结果如下。

```
请输入 a 的值：3
请输入 n 的值：5
结果值为 37035
```

例 6：某公司采用公用电话传递数据，数据是四位的整数，在传递过程中是加密的。加密规则如下：每位数字都加上 5，然后用和除以 10 的余数代替该数字，再将第一位和第四位交换，第二位和第三位交换，求输入的四位整数加密后的值。代码如下。

```
psw = int(input('请输入一个四位数密码：'))
password = 0
result = ''
for i in range(1, 5):
    password = (psw % 10 + 5) % 10
    result += str(password)
    psw //= 10
print(result)
```

运行结果如下。

```
请输入一个四位数密码：5679
4210
```

例 7：有 1、2、3、4 四个数字，求这四个数字能生成多少个互不相同且无重复数字的三位数。代码如下。

```
count = 0
for i in range(1, 5):
    for j in range(1, 5):
        for k in range(1, 5):
            if i != j and j != k and i != k:
                print(i * 100 + j * 10 + k, end='    ')
                count += 1
print()
print('The count is: %d' % count)
```

运行结果如下。

```
123  124  132  134  142  143  213  214  231  234  241  243  312  314  321  324  341
342  412  413  421  423  431  432
The count is: 24
```

例 8：今有鸡兔同笼，上有三十五头，下有九十四足，问鸡兔各几只？代码如下。

```
for chicken in range(0,36):
    if 2*chicken + (35-chicken)*4 ==94:
        print(f'小鸡:{chicken}只,小兔:{35-chicken}只')
```

运行结果如下。

```
小鸡:23 只,小兔:12 只
```

3.7 本章小结

本章首先讲解了选择结构中的控制语句 if、if-else、if-elif-else 及选择结构的嵌套和三元运算，然后讲解了循环结构的 while 和 for 语句、循环控制语句 break 和 continue 及带 else 的循环结构，并结合具体的程序介绍了各种语句的用法。

3.8 习题

1. 填空题

(1) Python 中的循环语句有________循环和________循环。

(2) 表达式 'ac' in 'acbed' 的值为________。

(3) 表达式 5 if 5>6 else (6 if 3>2 else 5)的值为________。

(4) elif 语句是 if 语句与________语句的组合。

2. 选择题

(1) 关于 Python 的分支结构，以下选项中描述错误的是(　　)。

A. Python 中 if-elif-else 语句描述多分支结构

B. 分支结构使用 if 保留字

C. Python 中 if-else 语句用来形成二分支结构

D. 分支结构可以向已经执行过的语句部分跳转

(2) 下面代码的输出结果是(　　)。

```
for s in "HelloWorld":
        if s=="W":
            continue
        print(s,end="")
```

A. Hello　　B. HelloWorld　　C. Helloorld　　D. World

(3) 下面代码的输出结果是(　　)。

```
for s in "HelloWorld":
        if s=="W":
            break
        print(s,end="")
```

A. Hello　　B. HelloWorld　　C. Helloorld　　D. World

(4) 用来判断当前 Python 语句在分支结构中的是(　　)。

A. 引号　　B. 冒号　　C. 大括号　　D. 缩进

(5) 每个 if 条件后需要使用(　　)。

A. 冒号　　B. 分号　　C. 中括号　　D. 大括号

(6) 下列语句共循环(　　)次。

```
for n in range(0,3):
print(n)
```

A. 4　　B. 3　　C. 2　　D. 1

3. 简答题

(1) else 语句可以与哪些语句配合使用？

(2) 简述 break 和 continue 语句的区别。

4. 编程题

(1) 编写程序，从键盘输入一个整数，判断是正数还是负数。

(2) 编写程序，输出 1～100 的质数。

(3) 编写程序，输出100以内所有偶数的和。

(4) 编写程序，实现输入n个整数，输出其中最大的数，并指出其是第几个数。

(5) 编写程序，找出所有三位的升序数(升序数是指其个位数大于十位数，且十位数又大于百位数。例如，236就是一个三位升序数)。

(6) 有如下分数数列，求出该数列的前20项之和。

$$\frac{2}{1},\frac{3}{2},\frac{5}{3},\frac{8}{5},\frac{13}{8},\cdots$$

(7) 输入n值，打印下列高为n的直角三角形。

```
        *
       ***
      *****
     *******
    *********
```

第 4 章
序　列

序列是 Python 中最基本的数据结构，指的是一块可存放多个值的连续内存空间，这些值按一定顺序排列，可通过每个值所在位置的编号(称为索引)访问它们。序列中的每个元素都分配一个数字来表示它的位置(或索引)，如第一个元素的索引是 0，第二个元素的索引是 1，以此类推。在 Python 中内置了 4 种常用的序列结构，分别是列表、元组、集合和字典。本章将详细介绍序列和序列的使用方法。

4.1 列表

列表(list)是 Python 中最重要的内置对象之一，是由一系列按特定顺序排列的元素组成的连续内存空间，也是 Python 中的可变序列。在形式上，列表的所有元素都放在一对方括号“[]”中，两个相邻元素之间用逗号分隔。在 Python 中，同一个列表中的元素的数据类型可以同时包含整数、实数、字符串等，也可以包含列表、元组、字典、集合、函数及其他任意对象。由此可见，Python 中的列表是非常灵活的，这与其他语言不同。

4.1.1 列表的创建和删除

1. 创建列表

创建列表时，同其他类型的 Python 变量一样，可以使用赋值运算符“=”直接将一个列表赋值给变量，具体的语法格式如下。

```
listname=[元素 1,元素 2,…,元素 n]
```

参数说明如下。

- listname：表示列表的名称，可以是任何符合 Python 命名规则的标识符。
- 元素 1,元素 2,…,元素 n：表示列表中的元素，其个数没有限制，并且只要是 Python 支持的数据类型都可以。例如：

```
>>>a_list = [1, 2, 3, 4, 5]
>>>b_list = ['a', 'b', 'c', 'd']
>>>c_list = ['cat', 'dog', 100, 3.14]
>>>d_list = ['西游记', '红楼梦', '三国演义', '水浒传']
```

如果要创建一个空列表，只需在中括号中不放入任何元素即可。例如，要创建一个名为 empty_list 的列表，方法如下。

```
>>>empty_list = []
```

除了上述直接用中括号创建的方法之外，还可以使用 list()函数将元组、range 对象、字符串或其他类型的可迭代对象类型的数据转换为列表，代码如下。

```
>>> list(range(5))
[0, 1, 2, 3, 4]
>>> list((3,4,5,7,9))
[3, 4, 5, 7, 9]
>>> list('hello')
['h', 'e', 'l', 'l', 'o']
```

2. 删除列表

对于已经创建的列表，不再使用时，可以使用 del 语句将其删除，具体的语法格式如下。

```
del listname
```

其中，listname 就是要删除列表的名称。

在删除列表前，一定要保证输入的列表名称是存在的，否则将会产生异常。del 语句在实际开发时并不常用，因为 Python 自带的垃圾回收机制会自动销毁不用的列表。

4.1.2 列表的操作

1. 列表元素的访问及遍历

1) 利用下标访问列表元素

在 Python 中，如果想输出列表的内容，可以直接使用 print()函数。例如：

```
>>>color_list = ['red', 'green', 'blue', 'yellow', 'white', 'black']
>>>color_list
['red', 'green', 'blue', 'yellow', 'white', 'black']
```

上述代码的输出结果是一个带方括号的完整列表，如果不想输出全部的元素，则可以通过列表的索引获取指定的元素，即使用下标索引来访问列表中的值。列表索引从 0 开始，即第一个索引是 0，第二个索引是 1，以此类推。索引和值的对应关系如图 4-1 所示。

value:	'red'	'green'	'blue'	'yellow'	'white'	'black'
index:	0	1	2	3	4	5

图 4-1 索引和值的对应关系

代码如下。

```
>>>color_list = ['red', 'green', 'blue', 'yellow', 'white', 'black']
>>>color_list[0]   # 下标为 0 的元素
red
>>>color_list[1]   # 下标为 1 的元素
green
>>>color_list[5]   # 下标为 5 的元素
black
```

当列表中元素较多，需要获取列表中后面几个元素时，索引也可以从尾部开始，最后一个元素的索引为-1，倒数第二个元素为-2，以此类推。尾部索引和值的对应关系如图 4-2 所示。

value:	'red'	'green'	'blue'	'yellow'	'white'	'black'
index:	–6	–5	–4	–3	–2	–1

图 4-2 尾部索引和值的对应关系

代码如下。

```
>>>color_list = ['red', 'green', 'blue', 'yellow', 'white', 'black']
>>>color_list[-1]   # 最后一个元素
black
>>>color_list[-2]   # 倒数第二个元素
white
```

2) 遍历列表

遍历列表中的所有元素是一种常用的操作，在遍历的过程中可以完成查询、处理等功能。在 Python 中利用循环可以遍历列表中的每个数据，下面介绍几种不同的遍历方法。

(1) 直接使用 for 循环输出。

代码示例如下。

```
novel_list = ['西游记', '红楼梦', '三国演义', '水浒传']
for item in novel_list:
    print(item)
```

运行结果如下。

```
西游记
红楼梦
三国演义
水浒传
```

(2) 利用 for 循环和 enumerate()函数实现。

代码示例如下。

```
novel_list = ['西游记', '红楼梦', '三国演义', '水浒传']
for index, item in enumerate(novel_list):
    print(index, item)
```

运行结果如下。

```
0 西游记
1 红楼梦
2 三国演义
3 水浒传
```

如果需要将输出的索引改成编号从 1 开始而非从 0 开始，则可以在 enumerate()函数中添加参数 start=1，语句改成 for index, item in enumerate(novel_list, start=1)。

(3) 利用索引遍历列表。

代码示例如下。

```
novel_list = ['西游记', '红楼梦', '三国演义', '水浒传']
for index in range(len(novel_list)):
    print(novel_list[index])
```

运行结果如下。

```
西游记
红楼梦
三国演义
水浒传
```

3) 访问列表的其他方法

除了使用下标直接访问列表元素以外，Python 还提供了以下几种方法来获取列表元素。

(1) index()方法。

index()方法用来获取列表中指定元素首次出现的下标，若列表对象中不存在指定的元素，则抛出异常。示例代码如下。

```
>>>num_list = [3, 4, 5, 6, 7, 9, 11, 13, 15, 17]
>>>num_list.index(9)   # 输出 9 的下标
5
```

(2) count()方法。

count()方法统计指定元素在列表对象中出现的次数。示例代码如下。

```
>>>num_list = [3, 4, 5, 6, 7, 9, 11, 13, 15, 17]
>>>num_list.count(7)
1
>>>num_list.count(10)
0
```

(3) in，not in。

Python 中，in 可以检查某个元素是否包含在指定的序列中，not in 可以检查某个元素是否不包含在指定的序列中。示例代码如下。

```
>>> num_list = [3, 4, 5, 6, 7, 9, 11, 13, 15, 17]
>>> 7 in num_list
True
>>> 11 not in num_list
False
```

2. 列表的常用操作

列表可以存储多个数据且数据类型可以不同，因此列表的应用非常广泛。针对列表中的数据，可以进行增、删、改、查等操作，其中，查询即上面讲述的获取列表中的元素及对列表进行遍历操作等。

1) 增加元素

(1) 使用“+”运算符。

Python 中支持两种相同类型的序列进行相加操作，即将两个序列进行连接，使用加(+)运算符实现。示例代码如下。

```
>>>list1 = [2,3,5]
>>>id(list1)
2116525884424
>>>list2 = [7,9]
>>>list1 = list1 + list2
>>>id(list1)
2116525584840
>>>list1
[2, 3, 5, 7, 9]
```

从运行结果可以看出，两个列表可以合并成一个列表，但是从两次输出的 list1 的 id 不同可以看出，这并不是真的为列表添加元素，而是创建了一个新列表，并将原列表中的元素和新元素依次复制到新列表的内存空间中。由于涉及大量元素的复制，操作速度较慢，所以在涉及大量元素添加时不建议使用该方法。

(2) append()方法。

append()方法用于在列表末尾添加新的对象。该方法无返回值，会将对象添加到原列表的末尾，直接修改原来的列表。示例代码如下。

```
>>>num_list = [2,3,5,7]
>>>id(num_list)
1847762027464
>>>num_list.append(9)
>>>num_list
[2, 3, 5, 7, 9]
>>>id(num_list)
1847762027464
```

上述代码中，列表追加数据时，直接在原列表中追加了指定数据，即修改了原列表，故列表为可变类型数据。如果append()追加的数据是一个序列，则将整个序列追加到列表的末尾，代码如下。

```
>>>num_list = [2,3,5]
>>>num_list.append([7,9,11])
>>>num_list
[2, 3, 5, [7, 9, 11]]
```

(3) extend()方法。

extend()方法用于在列表末尾一次性追加另一个序列中的多个值，如果数据是一个序列，则将这个序列的数据逐一添加到列表尾部。该方法没有返回值。示例代码如下。

```
>>>num_list = [2,3,5]
>>>num_list.extend([7,9,11])
>>>num_list
[2, 3, 5, 7, 9, 11]
```

从结果可以看出，extend()方法是将另一个列表中的每个元素逐个追加到原来列表的尾部，原来列表的地址不会发生变化。

(4) insert()方法。

insert()方法用于将指定对象插入列表的指定位置。该方法没有返回值。示例代码如下。

```
>>>num_list = [2,3,5]
>>>num_list.insert(1,15)   # 在下标为 1 的位置插入元素 15
>>>num_list
[2, 15, 3, 5]
```

(5) 使用“*”运算符。

使用乘法(*)来扩展列表对象，将列表与整数相乘，生成一个新列表，新列表是原列表中元素的重复。示例代码如下。

```
>>>num_list = [2,3,5]
>>>num_list = num_list*3
>>>num_list
[2, 3, 5, 2, 3, 5, 2, 3, 5]
```

2) 删除元素

删除元素主要有两种情况：一种是根据索引删除，另一种是根据元素值进行删除。下面分别进行介绍。

(1) 根据索引删除元素。

删除列表中的元素操作与删除列表操作类似，可以使用 del 命令实现。不同的是，删除列表时 del 后面跟列表名，而删除列表元素时 del 后面跟列表元素。例如，删除列表中索引位 2 的元素，实现代码如下。

```
>>>novel_list = ['西游记', '红楼梦', '三国演义', '水浒传']
>>>del novel_list[2]
>>>novel_list
['西游记', '红楼梦', '水浒传']
```

或者使用列表的 pop()方法删除并返回指定位置(默认为最后一个)上的元素，如果给定的索引超出了列表的范围，则抛出异常。示例代码如下。

```
>>>num_list = [2, 5, 7, 9, 10, 11, 13]
>>>num1 = num_list.pop()
>>>num1
13
>>>num_list
[2, 5, 7, 9, 10, 11]
>>>num2 = num_list.pop(3)
>>>num2
9
>>>num_list
[2, 5, 7, 10, 11]
```

当 pop()不带参数时默认删除最后一个元素，因此，第一次删除时将最后一个元素 13 返回并删除；第二次删除时指定参数为 3，删除索引为 3 的元素，将 9 返回并删除。

(2) 根据元素值删除元素。

如果想要删除一个不确定其位置的元素(即根据元素值删除)，可以使用列表对象的 remove()方法实现，该方法没有返回值但是会移除列表中某个值的第一个匹配项。如果列表中不存在要删除的元素，则抛出异常。示例代码如下。

```
>>>num_list = [2, 5, 7, 9, 7, 10, 11, 13]
>>>num_list.remove(7)
>>>num_list
[2, 5, 9, 7, 10, 11, 13]
```

思考：如果要删除的元素不存在，将显示异常信息，因此，使用 remove()方法时，可以与前面的 count()方法结合使用，或者使用成员判断方法 in 判断某元素是否在列表中存在，然后再删除。

(3) clear()方法用于清空列表中的元素。

例如，num_list.clear()之后，num_list 将变成一个空列表。

3) 修改元素

修改列表中的元素只需要通过索引获取该元素，然后再为其重新赋值即可。例如，num_list = [2, 5, 7, 9, 10, 11, 13]，如果要将索引为 2 的元素改成 100，则只需要重新赋值 num_list[2]=100 即可。

4) 列表的其他操作及方法

(1) 切片操作。

Python 中的有序序列类型都支持切片，但作用于列表时功能最强大，可以使用切片来截取列表中的任何部分，得到一个新列表，也可以通过切片来修改和删除列表中部分元素，甚至可以通过切片操作为列表对象增加元素。其语法格式如下。

```
list_name[start:end:step]
```

其中，list_name 表示需要切片操作的列表名；start 表示切片开始的位置，默认是 0；end 表示切片截止的位置(不包含该位置)，默认是列表长度；step 表示切片的步长，默认是 1，当 start 是 0 时，start 可以省略；当 end 是列表的长度时，end 可以省略。当 step 是 1 时，step 也可以省略，并且省略步长时可以同时省略最后一个冒号。此外，当 step 为负数时，表示反向切片，这时 start 值比 end 值大。注意：切片操作创建了一个新的列表，并且不会因为下标越界而抛出异常。示例代码如下。

```
>>>num_list = [2, 5, 7, 9, 10, 11, 13, 14, 15, 20]
>>>num_list[::]           # 返回包含所有元素的新列表
[2, 5, 7, 9, 10, 11, 13, 14, 15, 20]
>>>num_list[::-1]       # 逆序的所有元素
[20, 15, 14, 13, 11, 10, 9, 7, 5, 2]
>>>num_list[::2]          # 偶数位置，隔一个取一个
[2, 7, 10, 13, 15]
>>>num_list[1::2]         # 奇数位置，隔一个取一个
[5, 9, 11, 14, 20]
>>>num_list[3::]          # 从下标 3 开始的所有元素
[9, 10, 11, 13, 14, 15, 20]
>>>num_list[3:6]          # 下标在[3, 6)区间的所有元素
```

```
[9, 10, 11]
>>>num_list[0:20:1]     # 前 20 个元素，自动截断
[2, 5, 7, 9, 10, 11, 13, 14, 15, 20]
>>>num_list[20:]        # 下标 20 之后的所有元素，自动截断
[]
>>>num_list[-1:-5:-1]   # 逆序截取后四个元素
[20, 15, 14, 13]
```

除了上述操作以外，还可以利用切片的方式进行增加、替换、删除等操作，示例代码如下。

```
>>> aList = [3, 5, 7]
>>> aList[3:3]=[4]          # 增加元素
>>> aList
[3, 5, 7, 4]
>>> aList[:3]=[1,2,3]       # 替换列表元素
>>> aList
[1, 2, 3, 4]
>>> aList[3:]=[4,5,6,7]
>>> aList
[1, 2, 3, 4, 5, 6, 7]
>>> aList[:3]=[]            # 删除列表中的前 3 个元素
>>> aList
[4, 5, 6, 7]
```

切片返回的是列表元素的浅复制，即生成一个新的列表，并且把原列表中所有元素的引用都复制到新列表中。示例代码如下。

```
>>>aList = [3, 5, 7]
>>>bList = aList[::]          # 切片，浅复制
>>>aList == bList             # 两个列表的元素完全一样
True
>>>aList is bList             # 但不是同一个对象
False
>>>id(aList) == id(bList)     # 内存地址不一样
False
>>>bList[1] = 8               # 修改其中一个不会影响另一个
>>>bList
[3, 8, 7]
>>>aList
[3, 5, 7]
```

如果原列表中包含列表之类的可变数据类型，浅复制时只是把子列表的引用复制到新列表中，则修改任何一个都会影响另外一个。示例代码如下。

```
>>>x = [1, 2, [3,4]]
>>>y = x[:]
```

```
>>>x
[5, 2, [3, 4]]
>>>y
[1, 2, [3, 4]]
>>>x[2].append(6)
>>>x
[5, 2, [3, 4, 6]]
>>>y
[1, 2, [3, 4, 6]]
```

(2) 其他方法。

从前面的内容可以看出，列表的操作方法非常丰富，下面介绍列表的一些其他方法。

- sort()方法：对列表中的元素进行排序。该方法是对列表进行原地修改，没有返回值，可以接收两个可选参数 key 和 reverse。当 reverse 默认为 False 时，以升序排序；当 reverse=True 时，表示降序排序；如果列表中包含的是字符串，则按字母排序规则排序，可以使用 key 参数。
- reverse()方法：将列表的元素顺序反过来。该方法是原地反转，而不是另外生成一个新的列表，没有返回值。

示例代码如下。

```
>>>import random
>>>num_list = []
>>>for i in range(10):
        num_list.append(random.randint(1,50))   # 包含 10 个随机数的列表
>>>num_list
[45, 49, 6, 24, 9, 20, 33, 34, 30, 10]
>>>num_list.sort()   # 升序排序
>>>num_list
[6, 9, 10, 20, 24, 30, 33, 34, 45, 49]
num_list.sort(reverse= True)   # 降序排序
>>>num_list
[49, 45, 34, 33, 30, 24, 20, 10, 9, 6]

>>> vehicle = ['train','bus','car','ship','bicycle','subway']
>>> vehicle.sort()
>>> vehicle
['bicycle', 'bus', 'car', 'ship', 'subway', 'train']
>>> vehicle.sort(key=len)
>>> vehicle
['bus', 'car', 'ship', 'train', 'subway', 'bicycle']
>>>novel_list = ['西游记', '红楼梦', '三国演义', '水浒传']
>>>novel_list.reverse()
>>>novel_list
['水浒传', '三国演义', '红楼梦', '西游记']
```

列表复制方法 copy()可复制并返回一个新列表，即实现列表的浅复制。示例代码如下。

```
>>> list1 = [1,2,3,4,5]
>>> list2 = list1.copy()
>>> list2
[1, 2, 3, 4, 5]
>>> list1[0] = 10
>>> list1
[10, 2, 3, 4, 5]
>>> list2
[1, 2, 3, 4, 5]
```

我们还可以使用 Python 的内置函数对列表进行操作，主要如下。

- len(列表)：返回列表中的元素个数，同样适用于元组、字典、集合、字符串等。
- max(列表)、min(列表)：返回列表中的最大或最小元素，同样适用于元组、字典、集合、range 对象等。
- sum(列表)：对列表的元素进行求和运算，对非数值型列表运算需要指定 start 参数，同样适用于元组。
- sorted()：对序列进行排序，并返回一个新的序列，原序列不变。将要排序的序列作为必选参数，并可接收两个可选参数 key 和 reverse。
- reversed()：返回一个与列表元素顺序相反的迭代对象，原列表不变。

4.1.3 列表的嵌套

嵌套列表就是列表中包含列表。嵌套列表可以模拟出现实中的表格、矩阵、2D 游戏的地图(如植物大战僵尸的花园)、棋盘(如国际象棋、黑白棋)等。嵌套列表的创建方式与普通列表相同，语法如下：

```
list1 = [[0],[1,3,5],[2,4,6]]
```

以上代码创建了一个嵌套列表，该列表包含了 3 个列表，其中索引为 0 的元素为[0]，索引为 1 的元素为[1,3,5]，索引为 2 的元素为[2,4,6]。嵌套列表的访问方式与普通列表一样，可以使用索引访问嵌套列表中的元素。若希望访问嵌套的内层列表中的元素，需要先使用索引获取内层列表，再使用索引访问被嵌套的列表中的元素。

下面的例题是实现 3×4 矩阵的转置行和列。

```
matrix = [[1, 2, 3, 4], [5, 6, 7, 8], [9, 10, 11, 12]]
transposed = []
for i in range(4):
    midden = []
    for row in matrix:
        midden.append(row[i])
```

```
        transposed.append(midden)
print(transposed)
```

运行结果如下。

```
[[1, 5, 9], [2, 6, 10], [3, 7, 11], [4, 8, 12]]
```

4.1.4 列表推导式

列表推导式可以使用非常简洁的方式对列表和其他可迭代对象的元素进行遍历、过滤或计算，快速生成满足特定条件需求的新列表，代码简洁，是 Python 开发时应用最多的技术之一。列表推导式是条件推导式和循环一起配合使用，并返回一个列表，而且整个表达式需要在[]内，因此返回值也是列表。

列表推导式的语法格式如下。

```
[表达式 for 迭代变量 in 可迭代对象 [if 条件表达式]]
```

此格式中，[if 条件表达式]不是必需的，可以使用，也可以省略。

例如，要生成一个列表包含 0 和 9 之间的数字，用普通的方式表示如下。

```
>>>num_list = []
>>>for i in range(10):
        num_list.append(i)
```

而用列表推导式来生成这样一个列表的方法如下。

```
>>>[i for  i  in  range(10)]
```

上述表达式中，外面的[]说明该表达式最终结果会是一个列表，i 是表达式要放入列表中的元素，for 循环遍历依次取 range(10)中生成的每一个数据。

如果要生成一个符合条件的列表，则可以在列表推导式中添加 if 条件语句，这样列表推导式将只迭代符合条件的元素。例如，要生成一个 0 和 9 之间所有偶数的平方，列表推导式如下。

```
>>>[i * i for i in range(10) if i % 2 == 0]
[0, 4, 16, 36, 64]
# in 后面跟其他可迭代对象，如字符串
list_c = [7 * c for c in "python"]
print(list_c)
['ppppppp', 'yyyyyyy', 'ttttttt', 'hhhhhhh', 'ooooooo', 'nnnnnnn']
# 带 if 条件语句的列表推导式
list_d = [d for d in range(6) if d % 2 != 0]
print(list_d)
[1, 3, 5]
# 多个 for 循环
list_e = [(e, f * f) for e in range(3) for f in range(5, 15, 5)]
```

```
print(list_e)
[(0, 25), (0, 100), (1, 25), (1, 100), (2, 25), (2, 100)]
```

使用列表推导式，代码变得简洁高效，但是理解起来却变得困难，尤其是条件越来越长的时候。例如，将 0～10 的偶数乘以 10，奇数乘以 100，列表推导式如下。

```
>>>[x * 10 if x % 2 == 0 else x * 100 for x in range(0, 11)]
[0, 100, 20, 300, 40, 500, 60, 700, 80, 900, 100]
```

下面分别以普通解决方法和列表推导式来实现从一个二维列表[[1,2,3],[4,5,6],[7,8,9]]提取所有的偶数放入新的列表。

方法 1：普通解决方法

```
>>>matrix = [[1, 2, 3], [4, 5, 6], [7, 8, 9]]
>>>result = []
>>>for i in matrix:
        for j in i:
                if j % 2 == 0:
                        result.append(j)
    >>>result
```

方法 2：列表推导式

```
>>>matrix = [[1, 2, 3], [4, 5, 6], [7, 8, 9]]
>>>[j for i in matrix for j in i if j % 2 == 0]
[2, 4, 6, 8]
```

当用到多重循环时，外层 for 循环写在前面，内层 for 循环写在后面，最前面依然是要加到列表中的表达式。

下面使用列表推导式实现矩阵的转置。

```
>>>matrix = [[1, 2, 3], [4, 5, 6], [7, 8, 9]]
>>>[[row[i] for row in matrix] for i in range(3)]
[[1, 4, 7], [2, 5, 8], [3, 6, 9]]
```

4.2 元组

元组(tuple)是 Python 中另一种重要的序列结构，列表功能虽然强大，但是负担也很重，在很大程度上影响了运行效率。元组和列表类似，也是由一系列按特定顺序排列的元素组成，不同的是，元组是不可变序列。

在形式上，元组的所有元素都放在一对“()”中，两个相邻元素之间用逗号分隔；在内容上，可以将整数、实数、字符串、列表、元组等任何类型的内容放入元组中。元组一般用于保存程序中不可修改的内容。

4.2.1 元组的创建与删除

在 Python 中提供了多种方法创建元组，下面分别介绍。

1. 使用赋值语句创建元组

赋值创建元组的方式相对简单，直接通过赋值运算符将一个元组赋值给一个变量，语法如下。

```
tuplename = (元素 1,元素 2,元素 3,···,元素 n)
```

其中，tuplename 表示元组的名称，括号中的内容表示元素的内容，元素个数没有限制。例如：

```
>>>num_tuple = (1,2,3,4,5)
```

可以看出，创建元组的语法与创建列表的语法非常相似，只是列表使用的是[]，而元组使用的是()。元组中各元素之间也用逗号分隔。虽然元组是使用一对小括号将所有元素括起来，但实际上小括号并不是必需的，只要将一组值用逗号分隔开来，Python 就会认为它是元组。示例代码如下。

```
>>> nums = 1, 2, 3
>>> nums
(1, 2, 3)
```

如果要创建的元组中只包括一个元素，则在定义元组时，必须在元素的后面加一个逗号。例如：

```
>>>tuple1 = (2,)
>>>tuple1
(2,)
>>>type(tuple1))
<class 'tuple'>
```

上述元组只包含一个元素 2，用 type()函数测试变量 tuple1 的类型可以看出该变量是一个元组类型。如果定义时没有加逗号，则定义出的结果将不是元组类型。例如：

```
>>>tuple2 = (2)
>>>tuple2
2
>>>type(tuple2)
<class 'int'>
```

在 Python 中也可以创建空元组，创建一个空元组的方法与创建空列表的方法相似。例如：

```
my_tuple = ()
```

2. 使用 range()函数创建元组

在 Python 中，可以使用 tuple()函数直接将 range()函数循环出来的结果转换为数值元组。例如，要创建一个包含 0 和 9 之间所有整数的元组，则 tuple(range(10))得到的结果为(0, 1, 2, 3, 4, 5, 6, 7, 8, 9)这样一个元组。

3. 删除元组

元组中的元素值是不允许删除和修改的，但可以使用 del 语句来删除整个元组。对于已创建的元组，不再使用时，可以使用 del 语句将其删除。例如：

```
del num_tuple
```

由于 Python 自带的垃圾回收机制会自动销毁不用的元组，所以即使不手动将其删除，Python 也会自动将其回收。因此，删除语句在开发时并不常用。

4.2.2 访问元组元素

与列表相似，要输出元组的内容，直接使用 print()函数即可，输出时是包括左右两个小括号的。例如：

```
>>> my_tuple = ('Python','爬虫','数据分析','机器学习')
>>> my_tuple
('Python', '爬虫', '数据分析', '机器学习')
```

如果不想输出全部的元素，也可以通过索引的方式获取指定的元素。例如：

```
>>>my_tuple = ('a', 'b', 'c', 'd')
>>>my_tuple[0]
a
>>>my_tuple[2]
c
>>>my_tuple[-1]
d
```

通过索引访问元组中的元素，索引位置和列表索引方式一致，即第一个元素的索引为 0，第二个元素的索引为 1，以此类推。如果采用尾部索引，则最后一个元素的索引为-1，倒数第二个元素为-2，以此类推。同样可以采用切片的方式对元组中的元素进行部分截取。例如：

```
>>>my_tuple = ('a', 'b', 'c', 'd')
>>>my_tuple[1:3]
('b', 'c')
```

另外，同列表一样，元组也可以利用 for 循环进行遍历，这里不再举例。

4.2.3 修改元组元素

元组是不可变序列，所以不能对它的单个元素值进行修改，但元组也不是完全不能修改的，可以对其进行重新赋值。

元组之间可以使用“+”和“*”，即允许元组进行组合连接和重复复制，运算后会生成一个新的元组。例如：

```
>>>tuple1 = (1, 2, 3)
>>>tuple2 = ('a', 'b', 'c')
>>>tuple3 = tuple1 + tuple2
>>>tuple3
(1, 2, 3, 'a', 'b', 'c')
>>>tuple4 = ('Python', 'Java')
>>>tuple4*3
('Python', 'Java', 'Python', 'Java', 'Python', 'Java')
```

在进行元组连接时，连接的内容必须都是元组，不能将元组和字符串或列表进行连接。如果必须对元组中的某个元素进行修改，可以把元组转换成其他数据类型，如转换为列表。例如：

```
>>>my_tuple = ('Python', 'Java', 'C')
>>>my_tuple = list(my_tuple)
>>>my_tuple[2] = 'R'
>>>my_tuple = tuple(my_tuple)
>>>my_tuple
('Python', 'Java', 'R')
```

4.2.4 生成器推导式

生成器推导式类似于列表推导式，从形式上看，生成器推导式只是将列表推导式的方括号换成了圆括号，但是生成器推导式和列表推导式的最大区别在于，列表推导式的结果是列表，而生成器推导式的结果是一个生成器对象。生成器对象类似于迭代器对象，具有惰性求值的特点，只在需要时生成新元素，比列表推导式具有更高的效率，占用空间非常少，尤其适合大数据处理的场合。

当得到一个生成器对象后，可以将其转换为元组或列表再使用，也可以直接使用生成器对象的__next__()方法或内置函数 next()进行遍历，又或者直接使用 for 循环进行遍历。但不管采用哪种方法，只能从前往后正向访问其中的元素，没有任何方法可以再次访问已经访问过的元素，也不支持使用下标访问其中的元素。当所有元素访问结束之后，如果需要重新访问，必须重新创建该生成器对象。例如：

```
>>> g = (i**2 for i in range(10))          # 创建生成器对象
>>> g
```

```
<generator object <genexpr> at 0x0000015502D9B9E0>
>>> list(g)                              # 将生成器对象转换为列表
[0, 1, 4, 9, 16, 25, 36, 49, 64, 81]
    >>> list(g)                          # 生成器对象已遍历结束，没有元素了
[]
>>> g = (i**2 for i in range(10))        # 重新创建生成器对象
>>> g.__next__()                         # 使用生成器对象的__next__()方法获取元素
0
>>> g.__next__()                         # 获取下一个元素
1
>>> next(g)                            # 使用函数 next()获取生成器对象中的元素
4
>>> next(g)
9
>>> g = (i**2 for i in range(10))
>>> for i in g:                          # 直接使用循环遍历生成器对象中的元素
        print(i,end=' ')
0 1 4 9 16 25 36 49 64 81
```

4.2.5 元组与列表的区别

元组和列表都属于序列，而且它们都可以按照特定顺序存放一组元素，类型不受限制，只要是 Python 支持的类型都可以。

列表和元组的区别主要体现在以下几个方面。

(1) 列表属于可变序列，它的元素可以随时修改或删除；而元组属于不可变序列，其中的元素不可以修改，除非整体替换。

(2) 列表元素可以使用 append()、extend()、insert()、remove()和 pop()等方法实现添加或修改；而元组则没有这几个方法，因为不能向元组中添加或修改元素，同样，也不能删除元素。

(3) 列表可以使用切片访问和修改列表中的元素；元组也支持切片，但是它只支持通过切片访问元组中的元素，不支持修改。

(4) 元组比列表的访问和处理速度快，因此，如果只需要对其中的元素进行访问，而不进行任何修改，建议使用元组。

(5) 列表不能作为字典的键，元组则可以。

4.2.6 元组和列表的相互转换

1. list 转换为 tuple

代码如下。

```
>>>list1=[1,2,3]
>>>tupl=tuple(list1)
>>>tupl
(1,2,3)
```

2. tuple 转换为 list

代码如下。

```
>>>list(tuple)              # 接受一个元组并返回一个列表
[1,2,3]
```

4.3 字典

字典(dict，即 dictionary 的简写)是 Python 中另一个非常重要的内置数据类型，是 Python 中的映射类型(mapping type)，它把“键”(key)映射到“值”(value)，通过 key 可以快速找到 value，是一种“键值对”(key-value)数据结构。其中，“键”可以是任意不可变的类型对象，通常是字符串和数字，同一个字典中的键是唯一的，但不能是 list，因为 list 可以通过索引、切片，以及 append()和 extend()方法改变其值；“值”可以是任何类型的数据。

字典的特征如下。

(1) 字典是通过键而不是索引来获取数据的。字典通过键将一系列的值联系起来可以从中获取指定项，但不能通过索引来获取。

(2) 字典是任意对象的无序集合。字典是无序的，各项是从左到右随机排序的，即保存在字典中的项没有特定的顺序，这样可以提高查找效率。

(3) 字典是可变的，并且可以任意嵌套。字典可以在原处增长或缩短(无须生成一份拷贝)，并且它支持任意深度的嵌套(即它的值可以是列表或其他的字典)。

(4) 字典中的键必须唯一，不允许同一个键出现两次，如果出现两次，则后一个值会被记住。

(5) 字典中的键必须不可变。字典中的键是不可变的，可以使用数字、字符或元组，但不能使用列表。

4.3.1 创建字典

创建字典时，在“键”和“值”之间用冒号分隔，相邻两个元素之间用逗号分隔，所有元素放在一对花括号中。例如：

```
dict_name={key1:value1,key2:value2,key3:value3,...,keyn:valuen}
    >>>scores = {'语文': 89, '数学': 92, '英语': 90}
```

同列表和元组一样，也可以创建空字典。在 Python 中，可以使用下面两种方法创建空字典。

方法 1：

```
dict_name = {}
```

方法 2：

```
dict_name = dict()
```

在使用 dict()函数创建字典时，可以通过给定关键字参数的形式创建字典。例如：

```
>>> info_dict = dict(name = '李源',age=20)
>>> info_dict
{'name': '李源', 'age': 20}
```

另外，还可以通过内置函数或字典方法来创建字典。例如：

```
>>> keys = ['a','b','c','d']
>>> values = [1,2,3,4]
>>> dict1 = dict(zip(keys,values))
>>> dict1
{'a': 1, 'b': 2, 'c': 3, 'd': 4}
```

4.3.2　访问字典元素

字典创建好之后，就可以使用字典中的元素了，由于字典属于无序序列，所以不能像列表和元组一样使用下标来访问。字典的一个元素表示一种映射关系或对应关系，可以根据提供的“键”作为下标访问对应的“值”。例如：

```
>>> info_dict = {'name': '李源', 'age': 20, 'gender': '男'}
>>> info_dict['name']
'李源'
>>> info_dict['age']
20
>>> print(f"{info_dict['name']}今年{info_dict['age']}岁")
李源今年 20 岁
```

在实际开发中，很可能不知道字典存在什么键，这时直接利用键来访问元素，当给出的键不存在时会产生异常，所以需要避免该异常的产生，可以使用 if 语句对不存在的情况进行处理，即给一个默认值。Python 中推荐的方法是使用字典对象的 get()方法来获取指定键的值。例如：

```
dict_name.get(key[,default])
```

其中，参数 key 是要获取的键，default 是可选项，当指定的键不存在时，返回默认的值，如果省略，则返回 None。例如：

```
>>> info_dict = {'name': '李源', 'age': 20, 'gender': '男'}
>>> print(f"{info_dict.get('name')}今年{info_dict.get('age',18)}岁")
李源今年 20 岁
>>> print(f"地址：{info_dict.get('addr','不详')}")
地址：不详
```

4.3.3 遍历字典

字典是以“键-值”对的方式存储的，利用 for 循环对字典进行遍历，可以获取到字典的键，通过键可以得到字典的值。例如：

```
>>> info_dict = {'name': '李源', 'age': 20, 'gender': '男'}
>>> for i in info_dict:
        print(f"{i}:{info_dict[i]}")
name:李源
age:20
gender:男
```

遍历字典也可以使用字典对象的 items()、keys()、values()方法，这 3 种方法分别用于获取字典中的所有 key-value 对、key 和 value。例如：

```
>>> info_dict = {'name': '李源', 'age': 20, 'gender': '男'}
>>> for item in info_dict.items():
        print(item)
('name', '李源')
('age', 20)
('gender', '男')
>>> for key,value in info_dict.items():
        print(f"{key}:{value}")
name:李源
age:20
gender:男
```

keys()和 values()的使用方式与 items()方法类似。

4.3.4 字典的常见操作

1. 字典元素的增加

字典是一种可变的序列，因此可以随时给字典增加元素，增加字典元素就是给字典增加一组组“键-值”对，方法与列表类似，直接采用赋值的方式进行。语法格式如下。

```
dict_name[key]=value
```

其中，key 表示要增加的元素的键，必须是唯一的、不变的；value 表示要增加元素的值，可以是任意类型的数据。例如：

```
>>>info_dict = {'name': '李源', 'age': 20, 'gender': '男'}
>>>info_dict['addr'] = '北京'
>>>info_dict
{'name': '李源', 'age': 20, 'gender': '男', 'addr': '北京'}
```

这里要注意，如果赋值的 key 已经在字典中存在，则修改该 key 对应的值，而不是增加新的“键-值”对。

Python 还提供了 setdefault()方法来给字典增加元素，该方法用于根据 key 来获取对应 value 的值。setdefault()方法还有一个额外的功能，即当程序要获取的 key 在字典中不存在时，该方法会先为这个不存在的 key 设置一个默认的 value，然后再返回该 key 对应的 value。例如：

```
>>>info_dict = {'name': '李源', 'age': 20, 'gender': '男'}
>>>info_dict.setdefault('addr', '北京')   # 当 key 不存在时，用于设置默认值
>>>info_dict.setdefault('age', 30)   # 当 key 存在时，用于返回原来的值
>>>info_dict
{'name': '李源', 'age': 20, 'gender': '男', 'addr': '北京'}
```

2. 字典元素的删除

删除字典元素的方法有多种，与列表及元组一样，字典元素也可以采用 del 命令来删除，其格式如下。

```
del dict_name[key]
```

如果删除的 key 在字典中不存在，则程序会抛出异常，为了避免出现异常，可以先判断该键是否在字典中存在，然后再进行删除；若 del 后面直接跟字典名，则删除整个字典。例如：

```
>>>info_dict = {'name': '李源', 'age': 20, 'gender': '男'}
>>>del info_dict['age']
>>>info_dict
{'name': '李源', 'gender': '男'}
```

pop()方法用于获取指定 key 对应的 value，并删除该 key-value 对。例如，info_dict.pop('age')会返回 age 对应的值，并将该组键值对从字典中删除。popitem()方法可以弹出一个元素。例如：

```
>>> info_dict = {'name': '李源', 'age': 20, 'gender': '男'}
>>> info_dict.popitem()
('gender', '男')
>>> info_dict.pop('age')
```

```
20
>>> info_dict
{'name': '李源'}
```

如果要删除字典中的所有元素，则可以采用 clear()方法，对一个字典执行 clear()方法后，字典将变成一个空字典。

3. 字典元素的修改

由于字典中的键必须唯一，所以在添加字典元素时如果所添加的键和字典中原有的键相同，则会变成修改原字典中的值，利用这种方式可以修改字典的元素。例如，info_dict['age'] = 19，将字典中 age 的值由原来的 20 修改成 19。

另外，字典的内置方法 update()也可以用来修改字典。该方法可使用一个字典所包含的“键-值”对来更新已有的字典。在执行 update()方法时，如果被更新的字典中已包含对应的“键-值”对，那么原 value 会被覆盖；如果被更新的字典中不包含对应的“键-值”对，则该 key-value 对被添加进去。例如：

```
>>>info_dict = {'name': '李源', 'age': 20, 'gender': '男'}
>>>info_dict.update({'age': 19})
>>>info_dict
{'name': '李源', 'age': 19, 'gender': '男'}
```

4.3.5 字典推导式

使用字典推导式可以快速生成一个字典，它的表现形式与列表推导式类似，只不过将中括号变成大括号，并且需要两个表达式，一个生成键，一个生成值，两个表达式之间使用冒号分隔。例如：

```
>>> import random
>>> random_dict = {i: random.randint(10,100) for i in range(1,5)}
>>> random_dict
{1: 49, 2: 25, 3: 22, 4: 48}
>>> num = {i:j for i in range(5) for j in range(5)}
>>> num
{0: 4, 1: 4, 2: 4, 3: 4, 4: 4}
```

字典推导式 num 实际上相当于下面的循环。

```
>>> num = {}
>>> for i in range(5):
        for j in range(5):
            num[i] = j
    >>> num
{0: 4, 1: 4, 2: 4, 3: 4, 4: 4}
```

由于以 i 为 key 的 value 一直在被赋值，所以最终由 j 的最大值替换。

4.4 集合

集合(set)是一个无序可变序列，使用一对花括号作为定界符，元素之间用逗号分隔。集合中的每个元素都是唯一的，元素之间不允许重复，因此，集合最好的应用就是去重。集合中的元素只能是数字、字符串、元组等不可变类型的数据，不能包含列表、字典、集合等可变类型的数据，因此，集合是无法嵌套的。

4.4.1 集合的创建与删除

1. 集合的创建

Python 中提供了两种创建集合的方法，一种是直接使用“{}”创建，另一种是通过 set()函数将列表、元组等可迭代对象转换为集合。

创建集合的方法与创建列表、元组和字典的方法一样，直接将集合赋值给变量，实现创建集合，即直接用“{}”创建。例如：

```
>>> set1 = {1,2,3,4,5}
>>> set1
{1, 2, 3, 4, 5}
        >>> type(set1)
<class 'set'>
```

在创建集合时，如果输入了重复的元素，Python 会自动只保留一个。例如：

```
>>> set2 = {3,1,4,1,5,7,9}
>>> set2
{1, 3, 4, 5, 7, 9}
```

另外，也可以使用 set()函数将列表、元组、字符串、range 对象等其他可迭代对象转换为集合。例如：

```
>>> set3 = set(range(5,10))
>>> set3
{5, 6, 7, 8, 9}
>>> set4 = set([1,2,3,1,4,5,3,7,8])
>>> set4
{1, 2, 3, 4, 5, 7, 8}
```

当需要创建一个空集合时，必须使用 set()函数而不是使用{}，因为{}是用来创建一个空字典。

2. 集合的删除

当集合不再使用时，可以使用 del 命令将其删除。例如：

```
del 集合名
>>> set1 = {1,2,3,4,5}
>>> del set1
```

4.4.2 集合的操作与运算

1. 增加与删除集合元素

由于集合是可变序列，所以在创建集合后，还可以对其添加或删除元素。

1) 增加集合元素

集合对象的 add()方法可以增加新元素，如果该元素已存在则忽略该操作，不会抛出异常；update()方法合并另一个集合中的元素到当前集合中，并自动去除重复元素。例如：

```
>>> s = {1,2,3,4}
>>> s.add(3)   # 已经存在 3，则忽略
>>> s.add(5)   # 增加元素 5
>>> s
{1, 2, 3, 4, 5}
>>> s.update({3,4,5,6})
>>> s
{1, 2, 3, 4, 5, 6}
```

2) 删除集合元素

集合对象的 pop()方法随机删除并返回集合中的一个元素，如果集合为空则抛出异常；remove()方法删除集合中的元素，如果指定元素不存在则抛出异常；discard()方法从集合中删除一个特定元素，如果元素不在集合中则忽略该操作；clear()方法清空集合。例如：

```
>>> s = {1, 2, 3, 4, 5, 6}
>>> s.pop()
1
>>> s
{2, 3, 4, 5, 6}
>>> s.remove(6)
>>> s
{2, 3, 4, 5}
>>> s.discard(5)
>>> s
{2, 3, 4}
>>> s.clear()
>>> s
set()
```

2. 集合的交集、并集和差集运算

集合最常用的操作就是进行交集、并集和差集运算。进行交集运算时使用“&”符号；进行并集运算时使用“|”符号；进行差集运算时使用“-”符号。例如：

```
>>> set1 = {1,2,3,4,5}
>>> set2 = {4,5,6,7,8}
>>> set1&set2
{4, 5}
>>> set1|set2
{1, 2, 3, 4, 5, 6, 7, 8}
>>> set1-set2
{1, 2, 3}
```

此外，集合还支持>、>=、<、<=、==、!=等运算符，用于判断集合的包含关系及是否相同。

4.5 应用举例

例 1：编写程序，接收一个数字的列表，计算得到一个新的列表，其中第 i 个元素是原先列表的前 i 个元素的积。例如，原列表 a=[1,2,3,4,5]，则新列表为[1,2,6,24,120]。

解题思路：首先将列表 a 的第一个元素存入列表 b 中，然后依次求出 a 中的前 i 个元素的累积乘的结果，并添加到 b 的尾部。例如：

```
a = input("please input a list:")
a = eval(a)
b = [a[0]]
for i in range(1, len(a)):
    s = b[i-1] * a[i]
    b.append(s)
print(b)
```

运行结果如下。

```
please input a list:[1,2,3,4,5]
[1, 2, 6, 24, 120]
```

例 2：编写程序，求出给定列表中相差最小的两个数字。

解题思路：首先将列表降序排序。求出排序后列表的第一个和第二个元素的差值 diff，然后循环依次将列表中相邻两个元素的差值与 diff 比较，如果有更小的差值，则更新 diff，同时记录这两个元素的值。例如：

```
a = eval(input("please input a list:"))
a.sort(reverse=True)
```

```
num1 = a[0]
num2 = a[1]
diff = num1 - num2
for i in range(1, len(a) - 1):
    if a[i] - a[i + 1] < diff:
        diff = a[i] - a[i + 1]
        num1 = a[i]
        num2 = a[i + 1]
print('差值最小的两个数为:', (num1, num2))
```

运行结果如下。

```
please input a list:[7,15,45,26,33]
差值最小的两个数为: (33, 26)
```

例 3：编写程序，生成具有 20 个元素值互不相等的列表，并给定一个整数 n，以 n 为界，然后将列表中小于 n 的元素放到列表前面，大于 n 的元素放到列表后面。例如：

```
import random
a = list(range(20))
random.shuffle(a)
print(a)
n = eval(input("please input a number[0,20):"))
b = []
for i in range(len(a)):
    if a[i] < n:
        b.insert(0,a[i])
    if a[i] > n:
        b.append(a[i])
print(b)
```

运行结果如下。

```
[10, 3, 11, 2, 8, 16, 4, 18, 6, 13, 7, 17, 12, 14, 19, 15, 5, 0, 9, 1]
please input a number[0,20):8
[1, 0, 5, 7, 6, 4, 2, 3, 8, 10, 11, 16, 18, 13, 17, 12, 14, 19, 15, 9]
```

例 4：编写程序，模拟评委打分制度，去掉一个最高分和一个最低分，求选手的平均分。例如：

```
score = (98,85,97,76,81,88)
score = sorted(score)
min_score,*middle_score,max_score = score
print("最低分:",min_score)
print("最高分:",max_score)
print("中间部分的分数:",middle_score)
average = sum(middle_score)/len(middle_score)
print("最终成绩:",average)
```

运行结果如下。

```
最低分: 76
最高分: 98
中间部分的分数: [81, 85, 88, 97]
最终成绩: 87.75
```

例 5：编写程序，生成 100 个在[0,20]范围内的随机数，并统计不同数字出现的次数，按随机数升序输出。例如：

```
import random
num_list = [random.randint(0,20) for i in range(100)]
nums = set(num_list)
result = {}
for i in nums:
    result[i] = result.get(i,0) + 1
print(sorted(result.items()))
```

运行结果如下。

```
[(0, 7), (1, 7), (2, 6), (3, 3), (4, 7), (5, 4), (6, 2), (7, 7), (8, 7), (9, 3), (10, 5), (11, 4), (12, 5), (13, 5), (14, 3), (15, 2), (16, 6), (17, 4), (18, 1), (19, 5), (20, 7)]
```

例 6：编写程序，计算一个字符串中每个字符出现的次数。

方法 1：

```
string = input("Please in put a string:")
result = {}
for ch in string:
    result.setdefault(ch,0)
    result[ch] = result[ch] + 1
print(result)
```

运行结果如下。

```
Please in put a string:It was a bright cold day in april,and the clocks were striking thirteen.
{'I': 1, 't': 6, ' ': 12, 'w': 2, 'a': 5, 's': 3, 'b': 1, 'r': 5, 'i': 6, 'g': 2, 'h': 3, 'c': 3, 'o': 2, 'l': 3, 'd': 3, 'y': 1, 'n': 4, 'p': 1, ',': 1, 'e': 5, 'k': 2, '.': 1}
```

方法 2：

```
s = input("Please in put a string:")
letter_counts = {i:s.count(i) for i in s}   # 列表推导式
print(letter_counts)
```

运行结果如下。

```
Please in put a string:It was a bright cold day in april,and the clocks were striking thirteen.
```

```
{'T': 1, 't': 6, ' ': 12, 'w': 2, 'a': 5, 's': 3, 'b': 1, 'r': 5, 'i': 6, 'g': 2, 'h': 3, 'c': 3, 'o': 2, 'l': 3, 'd': 3, 'y': 1, 'n': 4, 'p': 1, ',': 1, 'e': 5, 'k': 2, '.': 1}
```

例 7：编写程序，模拟注册邮箱，用户输入一个账号名，判断这个账号名是否存在，如果存在，则提示用户，否则提示可以注册。例如：

```
name_list = ['tom','jack','lucy','lily','admin']
name = input("请输入您的邮箱账号名:")
if name in name_list:
    printf('您输入的名字是{name},此用户已经存在！')
else:
    printf('您输入的名字是{name},可以注册!')
```

运行结果如下。

```
请输入您的邮箱账号名：tom
您输入的名字是 tom，此用户已经存在！
```

例 8：编写程序，检验密码的安全强度。密码一般是由多种字符构成的字符串，该字符串中包含的字符种类很大程度上决定了该密码的安全强度。字符种类一般分大写字母、小写字母、数字和特殊字符，如果一个密码包含 4 种字符就被认为是高强度密码，包含 3 种字符则是中高强度密码，包含 2 种字符则是中低强度密码，如果只包含一种字符则被认为是弱密码。例如：

```
pwd_str = [set('ABCDEFGHIJKLMNOPQRSTUVWXYZ'),
           set('abcdefghijklmnopqrstuvwxyz'),
           set('0123456789'),
           set('!\"#$%&\'()*+,-./:;<=>？@[]\\^_{}|~')]
pwd_safe = {4:'高强度',3:'中高强度',2:'中低强度',1:'弱强度'}
pwd = input("Please input pwd:")
pwd = set(pwd)
num = 0
for item in pwd_str:
    if len(item&pwd)>0:
        num += 1
print(pwd_safe.get(num,"密码字符无法识别！"))
```

运行结果如下。

```
Please input pwd:liyuan123@qq.com
中高强度
```

例 9：编写程序，设计一个 10 以内的算术练习，提供 5 道加、减、乘、除 4 种基本算术运算题目，练习者根据显示的题目输入自己的答案，程序自动判断输入的答案是否正确并显示出相应的信息，统计回答的题目及正确率。例如：

```
import random
count = 0
right = 0
print("欢迎使用算术测试系统".center(20,"*"))
while count<5:
    op = ['+','-','*','/']
    c = random.choice(op)
    a = random.randint(0,9)
    b = random.randint(1,9)
    if(a<b) or (a%b!=0):
        continue
    print('%d %s %d = '%(a,c,b))
    question = input('请输入您的答案:(q 退出)')
    if c == '+':
    result = a + b
    elif c == '-':
        result = a – b
    elif c == '*':
        result = a * b
    else:
        result = a // b
    if question == str(result):
        print('恭喜你，回答正确')
        right += 1
        count += 1
    elif question == 'q':
        break
    else:
        print('回答错误，正确答案是',result)
        count += 1
if count == 0:
    percent = 0
else
    percent = right / count
print('测试结束，共回答%d 道题，回答正确个数为%d，
    正确率为%.2f%%'%(count,right,percent*100))
```

运行结果如下。

```
*****欢迎使用算术测试系统*****
4 / 1 =
请输入您的答案:(q 退出)4
恭喜你，回答正确
1 / 1 =
请输入您的答案:(q 退出)1
恭喜你，回答正确
3 + 3 =
```

```
请输入您的答案:(q 退出)6
恭喜你，回答正确
8 / 2 =
请输入您的答案:(q 退出)4
恭喜你，回答正确
6 * 3 =
请输入您的答案:(q 退出)18
恭喜你，回答正确
```

测试结束，共回答 5 道题，回答正确个数为 5，正确率为 100%

4.6 本章小结

本章首先对 Python 中的序列进行了简单的介绍；其次介绍了列表、元组、字典及集合中的增、删、改、查，以及其他的各种方法和操作，其中，列表、元组支持双向索引，字典使用“键”作为下标访问其中的元素，集合不支持任何索引，元组中的元素不可以修改。最后重点讲解了列表推导式，利用推导式可以快速生成想要的列表，如果符合条件，推荐采用推导式的方式创建列表。

4.7 习题

1. 填空题

(1) 表达式[3] in [1, 2, 3, 4]的值为__________。

(2) 表达式 'ab' in 'acbed' 的值为__________。

(3) 列表对象的 sort()方法用来对列表元素进行原地排序，该函数返回值为__________。

(4) 使用列表推导式生成包含 10 个数字 5 的列表，语句可以写为__________。

(5) 表达式 list(range(5))的值为__________。

(6) 字典元素由__________和__________组成。

(7) 通过 Python 的内置方法__________可以查看字典键的集合。

(8) 表达式{1, 2, 3, 4} - {3, 4, 5, 6}的值为__________。

(9) 表达式(1, 2, 3)+(4, 5)的值为__________。

2. 选择题

(1) 对于序列 s，能够返回序列 s 中第 i 到 j 并以 k 为步长的元素子序列的表达是(　　)。

A. s[i, j, k]　　B. s(i, j, k)　　C. s[i; j; k]　　D. s[i:j:k]

(2) 给定字典 d，以下选项中可以清空该字典并保留变量的是(　　)。

A. d.remove()　　B. d.clear()　　C. d.pop()　　D. del d

(3) 关于 Python 的元组类型，以下选项中描述错误的是(　　)。

A. 元组一旦创建就不能被修改

B. 元组中的元素类型必须相同

C. 一个元组可以作为另一个元组的元素，可以采用多级索引获取信息

D. Python 中元组采用逗号和圆括号(可选)来表示

(4) 关于 Python 的列表，以下选项中描述错误的是(　　)。

A. Python 列表是一个可以修改数据项的序列类型

B. Python 列表的长度不可变

C. Python 列表用中括号[]表示

D. Python 列表是包含 0 个或多个对象引用的有序序列

(5) 下面代码的输出结果是(　　)。

```
list1 = [i*2 for i in 'Python']
print(list1)
```

A. 错误　　B. [2, 4, 6, 8, 10, 12]

C. Python Python　　D. ['PP', 'yy', 'tt', 'hh', 'oo', 'nn']

(6) 下面代码的输出结果是(　　)。

```
d = {'a':1,'b':2,'c':3};
print(d['c'])
```

A. {'c':3}　　B. 2　　C. 3　　D. 1

(7) 下面代码的输出结果是(　　)。

```
>>> s = {}
>>> type(s)
```

A. <class 'tuple'>　　B. <class 'dict'>

C. <class 'set'>　　D. <class 'list'>

(8) 下面代码的输出结果是(　　)。

```
>>> s = set()
>>> type(s)
```

A. <class 'tuple'>　　B. <class 'list'>

C. <class 'dict'>　　D. <class 'set'>

(9) 下面代码的输出结果是(　　)。

```
list1 = [(m,n) for m in 'AB' for n in 'CD']
print(list1)
```

A. [('A', 'C'), ('A', 'D'), ('B', 'C'), ('B', 'D')]

B. ['A','B','C','D']

C. ['AC', 'AD', 'BC', 'BD']

D. 错误

3. 简答题

(1) 简述列表与元组的区别。

(2) 简述字典的特征。

(3) 为什么应尽量从列表的尾部进行元素的增加与删除操作？

4. 编程题

(1) 编写程序，将一个列表中的元素为奇数的放到前面，偶数放到后面，并输出。

(2) 用户输入若干个分数存放到列表中，求所有分数的平均分。每输入一个分数后询问是否继续输入下一个分数，回答“y”就继续输入，回答“n”就停止输入。

(3) 猴子吃桃，第一天摘下若干个桃子，当天吃了一半，还不过瘾，又多吃了一个；第二天早上又将剩下的桃子吃掉一半，又多吃了一个。以后每天早上都吃了前一天剩下的一半加一个。到第十天早上再想吃时，发现只剩一个桃子，求第一天共摘了多少个桃子。

(4) 编写程序，接收一个数字的列表，计算得到一个新的列表，其中，第 i 个元素是原列表的前 i 个元素的和。例如，原列表 x=[1, 2, 3, 4, 5]，则新列表为[1,3,6,10,15]。

(5) 统计 1900—2021 年中有多少个闰年(使用列表推导式)。

(6) 编写程序，输入一个数字，统计输入的各个数字重复了多少次，统计结果存入字典中，并输出字典的内容。例如，输入 12311231，字典内容为{'2':2,'3':2,'1':4}。

(7) 编写程序，用户从键盘输入小于 1000 的整数，对其进行因式分解。例如，10=2×5，60=2×2×3×5。

第5章 函数

在软件开发过程中，经常在不同的地方使用相同或相似的代码，从软件设计的角度讲，直接将代码块复制到多个相应的位置然后进行简单的修改，将大大增加代码量，并且不利于代码的阅读和维护，为代码的测试和纠错带来很大的难度。一旦被复制的代码将来发现问题，或者需要改进，则不得不在所有位置都做相同的修改，有可能造成遗漏，因此，应尽量减少使用直接复制代码的方式来实现复用。解决这个问题的有效方法是使用函数或类，可以有效地组织代码，提高代码的重用性。

Python 提供了一个功能，即允许我们将常用的代码以固定的格式封装成一个独立的模块，只要知道这个模块的名字就可以重复使用它，这个模块就叫作函数(function)。函数的本质就是一段具有特定功能，可以重复使用的代码，这段代码被提前编写好后，为其起一个名字，在后续编写程序过程中，如果需要同样的功能，直接通过定义好的函数名字就可以调用这段代码。

5.1 函数的定义及调用

5.1.1 函数的定义

定义函数，也就是创建一个函数，可以理解为创建一个具有某些用途的工具。Python 以 def 开头作为定义函数的关键字，其后是函数名和一对圆括号()，以冒号结束，其具体的语法格式如下。

```
def 函数名([参数列表]):
    函数体
    [return [返回值]]
```

其中，用[]括起来的为可选择部分，既可以使用，也可以省略。各参数介绍如下。

- 函数名：即符合 Python 语法的标识符，但不建议使用 a、b、c 这类简单的标识符作为函数名，函数名最好能够体现出该函数的功能。
- 参数列表：即设置该函数时可以接收的参数，多个参数之间用逗号分隔。如果不指定，说明该函数没有参数，调用时也不需要传参数。函数不需要参数时，也必须保留一对空的“()”，否则 Python 解释器将提示“invaild syntax”错误。Python 的参数和返回值不需要事先指定数据类型。
- 函数体：即完成函数相应功能的语句，函数体从冒号之后开始，统一缩进。
- [return [返回值]]：整体作为函数的可选部分，用于设置该函数的返回值。也就是说，一个函数可以有返回值，也可以没有返回值，是否需要根据实际情况而定。

注意，在创建函数时，如果想定义一个没有任何功能的空函数，则可以使用 pass 语句作为占位符。例如，定义两个数相加的函数，代码如下。

```
def add_2_num(a,b):
    c = a+b
    print(c)
```

其中，add_2_num 是函数名，括号中的 a,b 是形参，冒号后面有两条语句，为函数体部分，统一缩进。在函数中，形参是根据需要进行定义的，如果函数功能不需要从外部传递参数，也可以不设置形参，同样，如果该函数需要多个参数，也可以设置多个形参。该函数直接输出结果后，没有返回值，因此可以不需要 return 语句。

例如，定义一个函数，比较两个数的大小，代码如下。

```
def get_max(a, b):            # 参数是 a 和 b
    if a > b:                 # 函数体的定义
        print(a)
    else:
        print(b)
```

5.1.2 调用函数

调用函数也就是执行函数。如果把创建的函数理解为一个具有某种用途的工具，那么调用函数就相当于使用该工具。函数定义以后，如果不调用，则这些代码将永远不会被执行。

函数调用的基本语法格式如下。

```
函数名([参数])
```

各参数介绍如下。

- 函数名：即要调用的函数的名称。
- 参数：指的是当初创建函数时要求传入的各个形参的值。如果该函数有返回值，我们可以通过一个变量来接收该值，当然也可以不接收。

需要注意的是，创建函数有多少个形参，那么调用时就需要传入多少个值，且顺序必须与创建函数时一致。即便该函数没有参数，函数名后的小括号也不能省略。

例如，调用两个数相加的函数，代码如下。

```
def add_2_num(a,b):
    c = a+b
    print(c)

add_2_num(10,20)
```

运行结果如下。

```
30
```

再如，调用比较两个数大小的函数，代码如下。

```
def get_max(a, b):              # 参数是 a 和 b
    if a > b:                   # 函数体的定义
        print(a)
    else:
        print(b)

get_max(3,5)                    # 求 3 和 5 中大的数
```

运行结果如下。

```
5
```

Python 代码是自上而下顺序执行，在调用函数前必须已经定义过该函数，否则会出错。例如：

```
fun('hello')

def fun(s):
    print(s)
```

运行上述程序将会抛出异常。

5.2 函数的返回值

前面创建的函数，都只是为了完成某些任务，执行完后，程序也就结束了，但有时上

一个函数执行的结果在下一个函数中需要使用到。例如，利用晶体管生产出来的CPU，将用来作为计算机和手机的处理器，晶体管相当于第一个函数的参数，而CPU则是第一个函数的结果，而第一个函数的结果又在另外的设备中使用。函数的执行结果可能在其他程序中进行使用，因此，需要获取函数的执行结果，函数的返回值就非常有必要了。

返回值的作用就是将函数的处理结果返回给调用它的函数。在Python中，可以在函数体中使用return语句为函数指定返回值。该返回值可以是任意类型，并且无论return语句出现在函数的什么位置，只要得到执行，就会直接结束函数的执行。return语句的语法格式如下。

```
return [value]
```

return为函数指定返回值后，在调用函数时，可以把它赋给一个变量，用于保存函数的返回结果。如果返回一个值，那么变量中保存的就是返回的这个值，该值可以是任意类型；如果返回多个值，那么这些值会聚集起来并以元组类型返回。当函数中没有return语句或省略了return语句的参数时，将返回None，即返回空值。

例如，下面是重新定义两个数相加的程序，结果用return语句返回。

```
def add_2_num(a,b):
    c = a+b
    return c

result = add_2_num(10,20)
print(result)
```

运行结果如下。

```
30
```

从上述程序可以看出，return 的作用是负责函数的返回值及退出当前函数。一个函数可以存在多条return语句，但只有一条可以被执行，如果没有一条return语句被执行，则会隐式调用return None作为返回值。下面是重新定义比较两个数大小的程序。

```
def get_max(a,b):
    if a>b:
        return a
    else:
        return b

print(get_max(3,5))
```

运行结果如下。

```
5
```

如果函数执行了 return 语句，则会立刻返回，结束调用，并且 return 之后的其他语句都不会被执行了。例如，下面函数中多条 return 语句的执行。

```
def show_plus(x):
    print(x)            # 2
    return x + 1        # 3
    return x + 2        # 该语句不会被执行

print(show_plus(2))
```

输出结果如下。

```
2
3
```

如果一个函数有多个返回值，则可以采取“return a，b”的写法，返回多个数据时，默认是元组类型。return后面也可以连接列表、元组或字典，以返回多个值。例如，下面的程序是多个数据同时返回。

```
def demo():
    a,b=1,2
    return a,b

print(demo())
```

运行结果如下。

```
(1,2)
```

可以看出，当函数返回多个数据时，结果将作为元组的形式返回。同样，下面的程序是将列表作为返回值返回。

```
def demo():
    return [1, 2, 3]

print(demo())
```

运行结果如下。

```
[1, 2, 3]
```

5.3 函数的参数

在调用函数时，大多数情况下，主调用函数和被调用函数之间有数据传递关系，这就是有参数的函数形式。函数参数的作用是传递数据给函数使用，函数利用接收的数据进行具体的操作处理。函数参数在定义函数时放在函数名称后面的一对小括号中。函数参数的优势是调用函数时可以传入真实数据，增加函数使用的灵活性。

5.3.1 形参与实参

在使用函数时，经常会用到形式参数(形参)和实际参数(实参)，两者的关系类似于剧本选主角一样，剧本的角色相当于形参，而演角色的演员就相当于实参。

1) 形式参数

在定义函数时，函数名后面括号中的参数为“形式参数”，简称“形参”，形参对函数调用者来说是透明的，即形参叫什么，与调用者无关。形参是在函数内部使用的，函数外部并不可见。

2) 实际参数

在调用一个函数时，函数名后面括号中的参数为“实际参数”，也就是将函数的调用者提供给函数的参数称为实际参数，简称“实参”。

形式参数与实际参数的区别如图 5-1 所示。

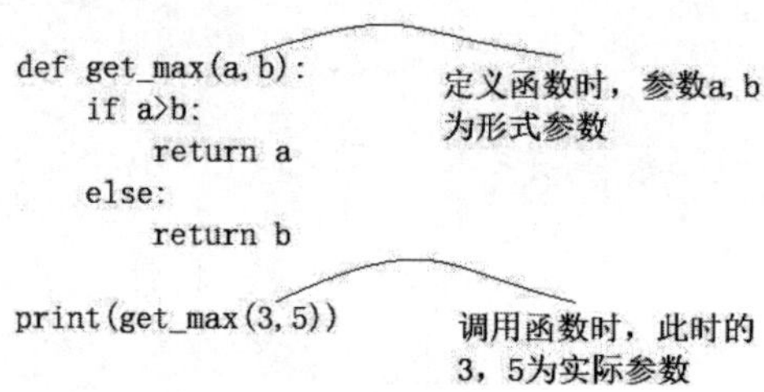

图 5-1　形式参数与实际参数的区别

根据实际参数的类型不同，可以分为将实际参数的值传递给形式参数和将实际参数的引用传递给形式参数两种情况。其中，当实际参数为不可变对象时，进行的是值传递；当实际参数为可变对象时，进行的是引用传递。

参数值传递的示例代码如下。

```
def sum(a):
    a += 1

a = 1
sum(a)
print(a)
```

运行结果如下。

```
1
```

参数引用传递的示例代码如下。

```
def foo(list2):
    temp = list2[0]
    list2[0] = list2[1]
    list2[1] = temp


list1 = [3,6]
foo(list1)
print(list1)
```

运行结果如下。

```
[6, 3]
```

从上面两个例子中我们可以得出，在Python中，string(字符串)、tuple(元组)和number(数值)是不可更改的对象，而list(列表)、dict(字典)等则是可以修改的对象。实际上，值传递和引用传递的基本区别就是进行值传递后，改变形式参数的值，实际参数的值不变；而进行引用传递后，改变形式参数的值，实际参数的值也一同改变。

由于函数定义中可能包含多个形参，所以函数调用中也可能包含多个实参。向函数传递实参的方式很多，可使用位置参数，这要求实参的顺序与形参的顺序相同；也可使用关键字参数，其中每个实参都由变量名和值组成；还可使用列表和字典。有了这些方式，使得函数定义出来的接口不但能处理复杂的参数，还可以简化调用的代码。下面依次介绍这些方式。

5.3.2 位置参数

位置参数也称必须参数，是最常见的一种参数，调用函数时根据函数定义的参数位置来传递参数。当调用函数时，传入的参数位置和个数必须和定义函数的参数位置和个数相对应，即调用时的数量位置必须与定义时是一样的。

简单的位置参数示例代码如下。

```
# 函数定义
def foo(x, y):
    print('x is %s' % x)
    print('y is %s' % y)


if __name__ == '__main__':
    # 标准调用
    foo(1, 2)
```

运行结果如下。

```
x is 1
```

```
y is 2
```

上述例题中 foo()函数定义了两个参数 x、y，调用时实参个数也是两个，分别是 1、2，对应传递给形参 x、y，即函数中形参 x=1，y=2。

位置参数中位置的要求示例代码如下。

```
def print_info(name,age):
    print("姓名：  %s" % name)
    print("年龄：  %s" % age)

print_info("李源", 20)
```

运行结果如下。

```
姓名：李源
年龄：20
```

上述例题中，如果调用时修改了参数的位置，如 print_info(19, "王涛")，不会抛出异常，但是运行结果(姓名：19，年龄：王涛)输出的内容会不符合要求，这就是位置参数所致的，因此位置参数传递和定义参数的顺序及个数必须一致。

5.3.3 默认值参数

定义函数时，可以给函数的形参设置默认值，这个参数就被称为默认参数。调用带有默认值参数的函数时，既可以显式地给该参数传值，也可以不给该参数传值，此时该参数的值将采用默认值。定义带有默认值参数的函数的语法格式如下。

```
def  函数名(…,[参数 n=默认值]):
    "函数注释字符串"
    函数体
```

在定义函数时，指定默认值的形式参数必须在所有参数的最后，否则将产生语法错误。当调用函数时，由于默认参数在定义时已经被赋值，所以可以直接忽略，而其他参数是必须要传入值的。如果默认参数没有传入值，则直接使用默认的值；如果默认参数已经传入了值，则使用传入的新值替代。例如：

```
def print_info(name,age=18,city="北京"):
    print("姓名：  %s" % name)
    print("年龄：  %s" % age)
    print("籍贯：  %s" % city)

print_info("王涛")
print_info("李源", age=19, city="天津")
```

运行结果如下。

```
姓名：王涛
年龄：18
籍贯：北京
姓名：李源
年龄：19
籍贯：天津
```

注意，默认参数必须指向不可变对象。若使用可变对象作为函数参数的默认值，则多次调用可能会导致意料之外的情况。例如：

```
def demo(item,lst = []):
    lst.append(item)
    return lst

print(demo(10,[1,2,3]))
print(demo('x',['a','b','c']))
print(demo('a'))
print(demo('b'))          # 注意这次输出的结果
```

运行结果如下。

```
[1, 2, 3, 10]
['a', 'b', 'c', 'x']
['a']
['a', 'b']
```

从上例中可以看出，使用列表作为默认值参数，当连续多次调用该函数，而不给默认值参数传值时，再次调用将保留上一次调用的结果。因此，要避免使用列表、字典、集合或其他可变序列作为函数参数默认值。上面的函数，可以改成如下写法。

```
def demo(item,lst = None):
    if lst == None:
        lst = []
    lst.append(item)
    return lst
```

若参数中有位置参数，则所有位置参数必须出现在默认参数前，包括函数定义和调用。

5.3.4 关键字参数

关键字参数主要指调用函数时的参数传递方式，其与函数定义无关。关键字参数是使用形式参数的名字来确定输入的参数值。函数调用，通过“键=值”形式加以指定，可以让函数更加清晰，容易使用，同时也清除了参数的顺序需求。通过该方式指定实际参数时，不再需要与形式参数的位置完全一致，只要将参数名写正确即可。这样可以避免用户需要牢记参数位置的麻烦，使得函数的调用和参数传递更加灵活方便。例如：

```
def print_info(name,age):
        print("姓名： %s" % name)
        print("年龄： %s" % age)

print_info(name="李源", age=20)
print_info(age=19, name="王涛")
```

运行结果如下。

```
姓名：李源
年龄：20
姓名：王涛
年龄：19
```

这里我们可以看到，采用关键字参数，无论参数位置如何调整，只要传递参数时，利用形参的名字来确定输入的参数值，都能够得到我们想要的结果。

关键字参数也可以与位置参数混合使用，在混合使用时，关键字参数必须放在位置参数后面，否则会抛出异常。

参数混合使用的示例代码如下。

```
def print_info(name,age,city):
    print("姓名： %s" % name)
    print("年龄： %s" % age)
    print("籍贯： %s" % city)

print_info("李源", city="北京", age=20)
```

运行结果如下。

```
姓名：李源
年龄：20
籍贯：北京
```

由例题可以看出，函数调用时，如果有位置参数，则位置参数必须在关键字参数的前面，但关键字参数之间不存在先后顺序。

5.3.5 可变长度参数

在 Python 中，还可以定义可变长度参数。例如，计算一组数据之和，当该组有多少数据无法事先确定时，就可以使用可变长度参数来定义。可变参数即传入函数中的实际参数，可以是 0 到任意个参数。通常定义一个函数时，若希望函数能够处理的参数个数比当初定义的参数个数多，则可以在函数中使用可变长度参数。

定义可变参数时，主要有两种形式：一种是在参数名称前加一个星号*，如*args，以元组类型导入，用来存放所有未命名的变长参数；另一种是在参数名称前加两个星号**，如**kwargs，以字典类型导入，用来存放所有命名的变长参数。下面分别讲述这两种参数形式。

1. *args 形式

*args 形式表示接收任意多个实际参数并将其放到一个元组中。例如：

```
def fun(*args):
    print(args)
    print("="*30)
    ret = 0
    for i in args:
        ret += i
    return ret
print(fun(1,2,3,4))
```

运行结果如下。

```
(1, 2, 3, 4)
==============================
10
```

使用可变参数需要考虑形参位置的问题。如果在函数中既有普通参数，也有可变参数，则可变参数通常会放在最后。

2. **kwargs

**kwargs 形式表示接收任意多个类似关键字参数显式赋值的实际参数，并将其放在一个字典中。例如：

```
def fun(**kwargs):
    print(kwargs)
    for key,value in kwargs.items():
        print("%s：%s" % (key,value))

fun(name = "李源", age = 20)
```

运行结果如下。

```
{'name': '李源', 'age': 20}
name：李源
age：20
```

如果想要使用一个已经存在的元组或字典作为函数的可变参数，可以在元组的名称前加*，字典的名称前加**。例如：

```
def fun(a, b, *args, **kwargs):
    print(a)
    print(b)
    print(args)
    print(kwargs)

tup = (11,22,33)
dic = {"name":"李源", "age":20}
fun(1, 2, *tup, **dic)
```

运行结果如下。

```
1
2
(11, 22, 33)
{'name': '李源', 'age': 20}
```

5.4 变量的作用域

在 Python 程序中创建、改变、查找变量名时，都是在一个保存变量名的空间中进行，称为命名空间，也被称为作用域。Python 的作用域是静态的，变量并不是在哪个位置都可以访问的，在源代码中变量名被赋值的位置决定了该变量能被访问的范围，即 Python 变量的作用域由变量所在源代码中的位置决定。

根据作用域的不同，变量可分为局部变量和全局变量两种。

1. 局部变量

局部变量是指在函数内部定义并使用的变量，它只在函数内部有效，即函数内部的名字只在函数运行时才会创建，在函数运行之前或运行完后就会消失。

定义局部变量的示例代码如下。

```
def test():
    a = 100 # 定义局部变量 a
    print("a 是一个局部变量，值为：%s" % a)

test()
```

运行结果如下。

```
a 是一个局部变量，值为：100
```

外部访问局部变量的示例代码如下。

```
def test():
    a=0 # 局部变量
    print(a) # 函数内部访问局部变量
test()
print(a)
```

上述示例运行到第二个输出语句时会提示 name 'a' is not defined 错误，由此可见，局部变量的作用范围只在定义的函数内部，外部无法访问。

不同作用域的局部变量的示例代码如下。

```
def test1():
    a= 100 # 局部变量 a
    print("a 属于 test1,值=%s" % a)
def test2():
    a = 200 # 与 test1 同名的局部变量 a
    print("a 属于 test2,值=%s" % a)
test1()
 test2()
```

运行结果如下。

```
a 属于 test1,值=100
a 属于 test2,值=200
```

由程序可以看出，定义在 def()函数内的变量名只能在其内使用，它与函数外具有相同名称的其他变量没有任何关系。不同的函数可以定义相同名字的局部变量，并且各个函数内的变量不会产生影响。

2. 全局变量

局部变量只能在其被声明的函数内部访问，而全局变量可以在整个程序范围内访问。与局部变量对应，全局变量是在函数体内、外都能生效的变量。如果赋值语句出现在函数的外部，则该变量就是全局变量。

使用全局变量的使用示例代码如下。

```
a = 10 #全局变量
def test():
    print("a=%s,内存地址为%s"%(a,id(a)))

test()
print("a=%s,内存地址为%s"%(a,id(a)))
```

运行结如下。

```
a=10,内存地址为 140737101328928
a=10,内存地址为 140737101328928
```

如果在函数中定义和使用一个与全局变量同名的变量，则函数优先使用局部变量的值。局部变量和全局变量同名的示例代码如下。

```
a = 10 #全局变量
def test():
    a = 20 #局部变量 a
    print("a=%s,内存地址为%s"%(a,id(a)))

test()
print("a=%s,内存地址为%s"%(a,id(a)))
```

运行结果如下。

```
a=20,内存地址为 140737101329248
a=10,内存地址为 140737101328928
```

通过运行结果中变量的值和内存地址，可以看出，当局部变量和全局变量同名时，在函数内部使用的是局部变量，在外部使用的是全局变量。如果在函数内部需要修改全局变量的值，该如何处理？

局部作用域修改全局变量的值的示例代码如下。

```
a = 10 #全局变量
def test():
    a = a+1
    print(a)
test()
print(a)
```

上述程序在运行过程中出现 UnboundLocalError: local variable 'a' referenced before assignment 错误，这是因为，如果在函数内某条代码有为变量赋值的操作，则该变量就被认为是局部变量。为了解决这个问题，我们需要在函数中利用 global 关键字对变量进行修饰，使变量变成全局变量。例如：

```
a = 10 #全局变量
def test():
    global a
    a = a+1
    print(a)
test()
print(a)
```

运行结果如下。

```
11
11
```

3. 变量名解析——LEGB 规则

在 Python 中，使用一个变量时并不严格要求需要预先声明，但是在真正使用前，该变量必须被绑定到某个内存对象(被定义、赋值)上，这种变量名的绑定将在当前作用域中引入新的变量，同时屏蔽外层作用域中的同名变量。

Python 在查找变量名名称时，是按 LEGB 规则查找的。LEGB 规则为：当在函数中使用未确定的变量名时，Python 会按照变量名的优先级[局部作用域(L)>嵌套作用域(E)>全局作用域(G)>内建作用域(B)]依次搜索 4 个作用域，以此来确定该变量名的意义。首先搜索局部作用域(L)，其次是上一层嵌套结构中 def 或 lambda()函数的嵌套作用域(E)，再次是全局作用域(G)，最后是内建作用域(B)。按照该查找规则，在第一处找到的地方停止。如果没有找到，则会触发 NameError 错误。

1) L(local)局部作用域

局部变量包含在 def 关键字定义的语句块中，即在函数中定义的变量。每当函数被调用时都会创建一个新的局部作用域。Python 中也有递归，即自己调用自己，每次调用都会创建一个新的局部命名空间。在函数内部的变量声明，除非特别声明为全局变量，否则均默认为局部变量。但有些情况下需要在函数内部定义全局变量，这时可以使用 global 关键字来声明变量的作用域为全局。局部变量的存在仅是暂时的，其依赖于创建该局部作用域的函数是否处于活动的状态。一般建议尽量少定义全局变量，因为全局变量在模块文件运行过程中会一直存在，占用内存空间。

注意：

如果需要在函数内部对全局变量赋值，则要在函数内部通过 global 语句声明该变量为全局变量。

2) E(enclosing)嵌套作用域

嵌套变量也包含在 def 关键字中，嵌套变量和局部变量是相对的，嵌套变量相对于更上层的函数而言也是局部变量。与局部变量的区别在于，对一个函数而言，局部变量是定义在此函数内部的局部作用域，而嵌套变量是定义在此函数的上一层父级函数的局部作用域，其主要是为了实现 Python 的闭包而增加的实现。

3) G(global)全局作用域

全局变量即在模块层次中定义的变量，每一个模块都是一个全局作用域。也就是说，在模块文件顶层声明的变量具有全局作用域，从外部来看，模块的全局变量就是一个模块对象的属性。

注意：

全局作用域的作用范围仅限于单个模块文件内。

4) B(builtin)内建作用域

内建变量表示 Python 解释器启动时就已经加载到当前编程环境中的范围，之所以叫 builtin，是因为在 Python 解释器启动时会自动载入_builtin_模块，int、str 等内置函数就处于内建作用域层的命名空间中。

函数变量取值应用的示例代码如下。

```
a=1
def demo():
    a=2
    print( "a 的值是", a)
#调用函数
demo()
```

运行结果如下。

```
a 的值是 2
```

尽管 Python 允许全局变量和局部变量重名，但是在实际开发时不建议这么做，因为这样容易让代码混乱，很难分清哪些是全局变量，哪些是局部变量。

5.5 递归函数

递归函数是指某个函数调用自己或调用其他函数后再次调用自己。由于不能无限调用，所以某个递归函数一定存在至少两个分支，一个是退出调用，不再直接或间接调用自己；另一个则是继续调用。

例如，应用递归函数计算 n!。要计算阶乘 n! = 1 * 2 * 3 * … * n，可以将其看作 n!=n*(n-1)!，由此，问题规模变小，变为求(n-1)!的问题，用函数 fact(n)表示，可以看出：fact(n) = n! = 1 * 2 * 3 * … * (n-1) * n = (n-1)! * n = fact(n-1) * n，所以，fact(n)可以表示为 n * fact(n-1)，只有 n = 1 时需要特殊处理。具体过程表示如下。

```
n!=n*(n-1)!
  =n*(n-1)*(n-2)!
    :
  =n*(n-1)*(n-2)*(n-3)* … *3*2*1!
```

根据阶乘的定义，1!=1，这是本题递归的结束条件，此时，递归结束，根据 1!=1，再反过来依次求得 2!, 3!, …, n!。

程序如下。

```
def fact(n):
    if n == 1:
        return 1
    return n * fact(n - 1)
print(fact(5))
```

执行程序，计算 5 的阶乘，输出结果如下。

```
120
```

本例中，函数 fact(n)的功能是计算 n!，所以函数 fact(n)的变化形式如下。

```
fact(n)=n*fact(n-1)
fact(n)=n*(n-1)*fact(n-2)
fact(n)=n*(n-1)*(n-2)*fact(n-3)
⋮
fact(n)=n*(n-1)*(n-2)*…*3*fact(2)
fact(n)=n*(n-1)*(n-2)*…*3*2*fact(1)
fact(n)=n*(n-1)*(n-2)*…*3*2*1
```

在这一计算过程中，每次都需要调用同一个函数 fact(n)，欲求 n!，需要先利用 fact()函数求(n-1)!；欲求(n-1)!，需要再次利用 fact()函数求(n-2)!；以此类推，最后求得 1!。

如果我们计算 fact(5)，则可以根据函数定义看到计算过程如下。

```
==> fact(5)
==> 5 * fact(4)
==> 5 * (4 * fact(3))
==> 5 * (4 * (3 * fact(2)))
==> 5 * (4 * (3 * (2 * fact(1))))
==> 5 * (4 * (3 * (2 * 1)))
==> 5 * (4 * (3 * 2))
==> 5 * (4 * 6)
==> 5 * 24
==> 120
```

由上述例子可以看出，递归函数具有如下特征。

(1) 递归函数必须有一个明确的结束条件。

(2) 递归的递推(调用)和回归(返回)过程与入栈和出栈类似。这是因为在计算机中，函数的调用其实就是通过栈这种数据结构实现的，即每调用一次函数，就会执行一次入栈，函数返回时，就执行一次出栈。由于栈的大小是有限的，所以递归调用的次数过多会导致栈内存的溢出。

例如，汉诺塔问题。已知有标记 1, 2, 3, …, n 个大小互不相同的盘子和 A、B、C

3 个塔，要求借助塔 C 把所有盘子从塔 A 移动到塔 B。初始状态时所有盘子都放在塔 A，任何时候盘子都不能放在比它小的盘子的上方，每次只能移动一个盘子，并且这个盘子必须在塔顶位置。

当只有一个盘子，即 n=1 时，我们可以简单地把这个盘子直接从塔 A 移动到塔 B，这是终止条件。当 n>1 时，依次解决以下 3 个子问题即可。

(1) 借助塔 B 将前 n-1 个盘子从塔 A 移到塔 C。

(2) 将盘子 n 从塔 A 移到塔 B。

(3) 借助塔 A 将前 n-1 个盘子从塔 C 移到塔 B。

程序代码如下。

```
def move(n, a, b, c):
    if n == 1:
        print('move', a, '-->', c)
    else:
        move(n-1, a, c, b)
        move(1, a, b, c)
        move(n-1, b, a, c)
move(4, 'A', 'B', 'C')
```

运行结果如下。

```
move A --> B
move A --> C
move B --> C
move A --> B
move C --> A
move C --> B
move A --> B
move A --> C
move B --> C
move B --> A
move C --> A
move B --> C
move A --> B
move A --> C
move B --> C
```

递归的优缺点如下。

1) 优点

(1) 递归使代码看起来更加整洁、优雅。

(2) 可以用递归将复杂任务分解成更简单的子问题。

(3) 使用递归比使用一些嵌套迭代更容易。

2) 缺点

(1) 递归的逻辑很难调试、跟进。

(2) 递归调用的代价高昂(效率低)，因为占用了大量的内存和时间。

5.6 高阶函数*

高阶函数，是指一个函数可以作为参数传给另外一个函数，或者一个函数的返回值为另外一个函数(若返回值为该函数本身，则为递归)，满足其一则为高阶函数。

以 Python 中求绝对值的内置函数 abs()为例，假设任意两个数，需要按照指定要求整理数字后再进行求和运算。

普通函数定义方法如下。

```
def add_sum(a,b):
    return abs(a) + abs(b)

result = add_sum(-3, 5)
print(result)
```

运行结果如下。

```
8
```

采用高阶函数的方法如下。

```
def add_sum(a, b, f):
    return f(a) + f(b)

result = add_sum(-3, 5, abs)
print(result)
```

运行结果如下。

```
8
```

这两种方法都能实现想要的结果，但是采用高阶函数，代码更简洁，灵活性更高。假如两个数不是先求绝对值，而是要对两个数进行四舍五入处理之后再求和，则利用高阶函数方式的程序只需要在调用时写成 result = add_sum(2.5, 3.3, round)即可，而不需要整体修改函数，这也是函数式编程的优点。

5.7 闭包*

在一个函数内部嵌套定义了另一个函数，其中内部函数使用了外部函数作用域的变量

(自由变量)，并且外部函数的返回值是内部函数的引用，当外部函数结束时，外部函数的变量会被绑定到内部函数，由此就构成了闭包。闭包的本质是一个函数，它由两部分组成：内部函数及引用的外部函数变量，闭包使这些变量始终保存在内存中，不会随外部函数的结束而清除。

构成闭包的条件有以下 3 个。

(1) 必须有一个内嵌函数。

(2) 内嵌函数必须引用外部函数中的变量。

(3) 外部函数的返回值必须是内嵌函数。

例如下面的闭包示例。

```
# outer 是外部函数，a 和 b 都是外部函数的临时变量
def outer( a ):
    b = 10
    # inner 是内部函数
    def inner():
        # 在内部函数中，用到了外部函数的临时变量
        print(a+b)
    # 外部函数的返回值是内部函数的引用
    return inner
if __name__ == '__main__':
    demo = outer(5)
    demo()   # 15
    demo2 = outer(7)
    demo2()   # 17
```

上述示例，外部函数 outer()定义了内部函数 inner()(满足闭包条件 1)，其中 inner()使用了 outer()的变量 a 和 b(满足闭包条件 2)，另外，outer()返回 inter()的引用(满足条件 3)，由此构成一个闭包。

首先调用 demo = outer(5)，该语句相当于将 inner()函数的引用与 demo 绑定，同时 inner()绑定了变量 a =5，b=10；其次执行 demo()，相当于执行了 inner()，由此解决了不能直接执行 inner()的问题，同时获得了外部的传入参值。从该示例可以看出，闭包可以避免使用全局变量，同时返回内部函数的引用也为装饰器的实现奠定了基础。

闭包的作用是可以保存外部函数内的变量，不会随着外部函数调用完而销毁。由于闭包引用了外部函数的变量，所以外部函数的变量没有及时释放，消耗了内存。

5.8 装饰器*

装饰器本质上是一个 Python 函数，它的目的是为一个目标函数添加额外的功能却不修

改函数本身，其返回值也是一个函数对象。装饰器经常用于插入日志、性能测试、事务处理、缓存、权限校验等场景，其是解决这类问题的绝佳设计，有了装饰器，我们就可以抽离出大量与函数功能本身无关的雷同代码并继续重用。

例如，假设已经定义好了函数 func()，用该函数打印一行语句，然后记录执行时间，代码如下。

```
import time

def func():
    print("hello")
    time.sleep(1)

start_time = time.time()
func()
end_time = time.time()
print("这个函数的运行时间是:%.2fs"%(end_time-start_time))
```

运行结果如下。

```
hello
这个函数的运行时间是：1.02s
```

采用这种方式可以完成记录执行时间的要求，但是，如果有多个不同的函数进行这种时间性能的测试，则该方式会产生大量的重复代码，为了减少代码重复，可以创建一个新的函数专门记录函数的执行时间。Python 中，装饰器就是专门为了满足这种需求而存在的，其语法以“@”开头。

下面用装饰器实现记录函数的执行时间，代码如下。

```
import time
def decorator_time(func):
    def wrapper():
        start_time = time.time()
        func()
        end_time = time.time()
        print("这个函数的运行时间是:%.2fs"%(end_time-start_time))
    return wrapper

@decorator_time
def func():
    print("hello")
    time.sleep(1)

@decorator_time
def func2():
```

```
        print("world")
        time.sleep(2)

func()
func2()
```

运行结果如下。

```
hello
这个函数的运行时间是：1.02s
world
这个函数的运行时间是：2.02s
```

当程序执行到 func()和 func2()时，发现上面还有@decorator_time，所以会先执行@decorator_time，@decorator_time 等价于 func = decorator_time(func)。

上面的装饰器有一个问题，当被装饰的函数需要传入参数时，这个装饰器就不能正常工作了，因为返回的函数并不能接收参数。这时，我们可以指定装饰器函数 wrapper()接收参数。例如：

```
import time

def decorator_time(func):
    def wrapper(*args, **kwargs):
        start_time = time.time()
        func(*args,**kwargs)
        end_time = time.time()
        print("这个函数的运行时间是:%.2fs"%(end_time-start_time))
    return wrapper
@decorator_time
def func(a,b):
    print("两个数的和为:%d"%(a+b))
    time.sleep(1)

func(5,6)
```

运行结果如下。

```
两个数的和为:11
这个函数的运行时间是:1.02s
```

有时候，可能会出现多个装饰器应用于同一个函数上，需要注意的是，装饰器的执行顺序是自下而上的。例如：

```
def decorator_first(func):
    def inner(*args, **kwargs):
        print("decorator_first 执行…")
```

```
            func(*args, **kwargs)
            print("decorator_first 完成")
        return inner

def decorator_second(func):
        def inner(*args, **kwargs):
            print("decorator_second 执行…")
            func(*args, **kwargs)
            print("decorator_second 完成")
        return inner

# 两个装饰器应用于同一函数
@decorator_first
@decorator_second
def test():
        print("函数：test 执行")

test()
```

运行结果如下。

```
decorator_first 执行…
decorator_second 执行…
函数：test 执行
decorator_second 完成
decorator_first 完成
```

从结果可以看出，多重装饰器的执行类似于堆栈，按照先进后出的原则执行。

5.9 匿名函数

Python 使用 lambda 关键字来定义匿名函数。匿名，是指没有名字，即不再使用 def 语句这样标准的形式定义一个函数。这种语句由于性能的原因，在调用时会绕过函数的栈分配。其语法如下。

```
lambda 参数:表达式
```

各参数介绍如下。

- 参数：可选，用于指定要传递的参数列表，多个参数间使用逗号分隔。
- 表达式：用于指定一个实现具体功能的表达式。如果有参数，则在该表达式中将应用这些参数。表达式的计算结果作为 lambda 的返回值。

例如，将两个数相加的函数用 lambda 表达式来实现，代码如下。

```
lambda x,y:x+y
```

可以将 lamda 表达式的结果赋值给一个变量，再利用变量来调用该函数，如下。

```
result = lambda x,y:x+y
print(result(10,20))
```

例如，将两个数取最大值函数用 lambda 表达式来实现，代码如下。

```
result = lambda x,y:x if x>y else y
print(result(10,20))
```

在某些场景下，匿名函数非常有用。假设之前要对两个数进行运算，如果希望声明的函数支持所有的运算，则可以将匿名函数作为函数参数传递。

例如，匿名函数的高级应用，代码如下。

```
def fun(a, b, opt) :
    print ( "a=%d" %a)
    print ( "b=%d" %b)
    print ( "result= ", opt(a, b))
fun ( 10,20,lambda x,y:x+y)
print("-"*20)
fun(10,20,lambda x, y:x-y)
```

运行结果如下。

```
a=10
b=20
result=  30
--------------------
a=10
b=20
result=  -10
```

匿名函数还可以结合其他内置函数进行使用。下面是匿名函数结合内置函数的应用示例。

(1) 作为 map 的迭代方法。

例如：

```
a = [1, 2, 3, 4, 5, 6]
result = map(lambda x: x+1, a)
print(list(result))
```

运行结果如下。

```
[2, 3, 4, 5, 6, 7]
```

(2) 作为过滤器的过滤逻辑。

例如：

```
a = [1, 2, 3, 4, 5, 6]
result = filter(lambda x: x%2==0, a)
print(list(result))
```

运行结果如下。

```
[2, 4, 6]
```

(3) 作为 reduce 累积迭代的方法。

例如：

```
from functools import reduce
a= [1, 2, 3, 4, 5]
result = reduce(lambda x, y: x+y, a)
print(result)
```

运行结果如下。

```
15
```

(4) 指定属性排序。

例如：

```
s = [{'name': '李源', 'age': 20},
  {'name': '王涛', 'age': 19},
  {'name': '梅星越', 'age': 21}]

print(sorted(s, key=lambda x: x['age']))
```

运行结果如下。

```
[{'name': '王涛', 'age': 19}, {'name': '李源', 'age': 20}, {'name': '梅星越', 'age': 21}]
```

5.10 生成器函数

生成器其实是一种特殊的迭代器，包含 yield 语句的函数可以用来创建生成器对象，这样的函数也称生成器函数。yield 语句与 return 语句的作用相似，都是用来从函数中返回值。yield 语句与 return 语句不同的是，return 语句一旦执行会立刻结束函数的运行，而每次执行到 yield 语句并返回一个值之后会暂停或挂起后面代码的执行，下次通过生成器对象的__next__()方法、内置函数 next()、for 循环遍历生成器对象元素或其他方式显式“索要”数据时恢复执行。生成器具有惰性求值的特点，适合大数据处理。

例如，下面的代码是利用普通函数求斐波那契数列前 n 项。

```
def fib(n):
    i,a,b = 0,1,1
```

```
        list1 = []
        while i<n:
            list1.append(a)
            a,b = b,a+b
            i+=1
        return list1
    n = int(input("请输入要生成的个数:"))
    li = fib(n)
    for x in li:
        print(x,end=' ')
```

函数中生成了一个列表用来保存斐波那契数列，然后在主程序中调用输出，当 n 的值较大时，采用这种方法需要占用很大的内存空间。可以利用 yield 语句将程序改成生成器函数，返回生成器对象，节省空间，代码如下。

```
def f():
    a, b = 1, 1                     # 序列解包，同时为多个元素赋值
    while True:
        yield a                     # 暂停执行，需要时再产生一个新元素
        a, b = b, a+b               # 序列解包，继续生成新元素
a = f()                             # 创建生成器对象
for i in range(10):                 # 斐波那契数列中前 10 个元素
    print(a.__next__(), end=' ')
print()
for i in range(10):                 # 斐波那契数列中接下来的 10 个元素
    print(next(a), end=' ')
print()
for i in f():                       # 斐波那契数列中第一个大于 100 的元素
    if i>100:
        print(i,end=' ')
        break
```

运行结果如下。

```
1 1 2 3 5 8 13 21 34 55
89 144 233 377 610 987 1597 2584 4181 6765
144
```

每次遇到 yield 语句时，函数会暂停执行，并保存当前所有的运行状态信息，返回 yield 后面的值，并在下一次执行 next()方法时从当前位置继续运行。

5.11 应用举例

例 1：编写函数，接收一个整数 n 作为参数，打印杨辉三角前 n 行，代码如下。

```
def yanghui(n):
    print([1])
    line = [1,1]
    print(line)
    for i in range(2,n):
        m = []
        for j in range(0,len(line)-1):
            m.append(line[j]+line[j+1])
        line = [1] + m + [1]
        print(line)

yanghui(5)
```

例 2：编写函数，计算形式如 a+aa+aaa+aaaa+…+aaa…aaa 的表达式的值，其中 a 为小于 10 的自然数，代码如下。

```
def func(a, n):
    a = str(a)
    result = sum(eval(a*i) for i in range(1,n+1))
    return result
print(func(3,7))
```

例 3：编写函数，查找序列元素的最大值和最小值，代码如下。

```
def search(iter):
    max_num = min_num = iter[0]
    for i in iter[1:]:
        if i >max_num:
            max_num = i
        if i < min_num:
            min_num = i
    return (max_num, min_num)

print(search([3,0,1,8,4,7]))
```

例 4：编写函数，接收两个正整数作为参数，返回一个元组，其中第一个元素为最大公约数，第二个元素为最小公倍数，代码如下。

```
def func(m, n):
    p = m * n
    while m % n != 0:
        m, n = n, m%n
    return (n, p // n)

print(func(12,18))
```

例 5：猴子吃桃问题。某天猴子摘了若干个桃子，每天吃现有桃子数的一半多一个，第 7 天早上只剩下 1 个桃子，问猴子一共摘了多少个桃子？利用迭代和递归实现。

(1) 迭代方法。

根据题意，可以用后一天的桃子数推出前一天的桃子数。设第 n 天的桃子为 xn，是前一天的桃子的二分之一减去 1，即：$x_n = \frac{1}{2}x_{n-1} - 1$，也就是：$x_{n-1} = (x_n + 1) \times 2$。代码如下。

```
x = 1
for i in range(6,0,-1):
    x = (x +1) * 2
print("peaches:",x)
```

(2) 递归方法。

代码如下。

```
def f(n):
    if n==7:
        return 1
    else:
        return (f(n+1)+1)*2

print("peaches:",f(1))
```

运行结果如下。

```
peaches: 190
```

例 6：模拟发红包，代码如下。

```
import random
def red_packets(total, num):
    total = float(total)          # 红包数
    num = int(num)                # 红包总额
    min = 0.01                    # 最小红包
    if (num < 1):
        return
    if num == 1:
        print("第%d 个人拿到红包数为：%.2f" % (num, total))
        return
    i = 1
    while (i < num):
        # 保证即使有一个红包是最大的, 后面剩下的红包也不会小于最小值
        max = total - min * (num - i)
        k = int((num - i) / 2)
        # 保证最后两个人拿的红包不超出剩余红包
        if num - i <= 2:
```

```
            k = num – i
        # 最大的红包限定的平均线
        max = max / k
        # 保证每个红包既大于最小值又小于最大值
        money = random.randint(int(min * 100), int(max * 100))
        # 保留两位小数
        money = float(money) / 100
        total = total – money
        print("第%d 个人拿到红包数为：%.2f，余额为: %.2f" % (i, money, total))
        i += 1
    # 最后一个人拿走剩下的红包
    print("第%d 个人拿到红包数为：%.2f，余额为: %.2f" % (i, total, 0.0))
if __name__ == '__main__':
    total = int(input('输入红包总金额:'))
    num = int(input('输入发红包数量:'))
    red_packets(total, num)
```

运行结果如下。

```
输入红包总金额:10
输入发红包数量:5
第 1 个人拿到红包数为：3.39，余额为：6.61
第 2 个人拿到红包数为：0.78，余额为：5.83
第 3 个人拿到红包数为：2.49，余额为：3.34
第 4 个人拿到红包数为：1.38，余额为：1.96
第 5 个人拿到红包数为：1.96，余额为：0.00
```

5.12 本章小结

本章主要介绍了代码的复用技术之一——函数，包括函数的定义、函数的调用、函数的返回值、函数的参数、递归函数、闭包、装饰器及匿名函数等，重点讲解了函数的参数，包括位置参数、默认值参数、关键字参数及可变长参数等几种类型。通过本章的学习，可以很好地提高代码的封装及编程的效率。

5.13 习题

1. 填空题

(1) Python 中定义函数的关键字是________。

(2) 在函数内部可以通过关键字________来定义全局变量。

(3) 如果函数中没有 return 语句或 return 语句不带任何返回值，那么该函数的返回值为________。

(4) 若函数内部调用了自身，则这个函数被称为________。

(5) 通过________语句可以返回函数值并退出函数。

2. 选择题

(1) 以下选项中，不属于函数的作用的是(　　)。

A. 提高代码执行速度　　B. 增强代码可读性

C. 降低编程复杂度　　D. 复用代码

(2) 在 Python 中，关于全局变量和局部变量，以下选项中描述不正确的是(　　)。

A. 一个程序中的变量包含两类：全局变量和局部变量

B. 全局变量不能和局部变量重名

C. 全局变量在程序执行的全过程有效

D. 全局变量一般没有缩进

(3) 下面代码的输出结果是(　　)。

```
>>>f=lambda x,y:y+x
>>>f(10,10)
```

A. 100　　B. 10　　C. 20　　D. 10,10

(4) 关于 lambda()函数，以下选项中描述错误的是(　　)。

A. lambda()不是 Python 的保留字

B. 定义了一种特殊的函数

C. lambda()函数也称为匿名函数

D. lambda()函数将函数名作为函数结果返回

(5) 关于 return 语句，以下选项中描述正确的是(　　)。

A. 函数必须有一个 return 语句

B. 函数中最多只有一个 return 语句

C. return 只能返回一个值

D. 函数可以没有 return 语句

(6) 下面代码的输出结果是(　　)。

```
def fib(n):
    a,b = 1,1
    for i in range(n-1):
        a,b = b,a+b
```

```
        return a
print (fib(7))
```

A. 5　　B. 13　　C. 21　　D. 8

3. 简答题

(1) 简述函数参数的类型。

(2) 简述局部变量与全局变量的区别。

(3) 简述形参与实参的区别。

4. 编程题

(1) 编写函数，判断一个整数是否为素数，并编写主程序调用该函数。

(2) 编写函数，接收一个字符串，分别统计大写字母、小写字母、数字、其他字符的个数，并以元组的形式返回结果。

(3) 编写函数，模拟内置函数 sorted()。

(4) 写一个自定义函数，用于判断两个数是否为幸运数对。幸运数对是指两个数相差 3，且各位数字之和能被 6 整除的一对数，如 147 和 150 就是幸运数对。要求找出所有的三位数幸运数对。

(5) 编写函数，找出所有的水仙花数。水仙花数是指一个三位数，其各位数字的立方之和等于该数本身，如 $153 = 1^3 + 5^3 + 3^3$。

第6章 字符串与正则表达式

在 Python 中字符串属于不可变的有序序列，使用单引号、双引号、三单引号或三双引号作为定界符，而且不同的定界符可以相互嵌套。

字符串类型支持序列的一系列通用操作，如索引、切片、成员测试、计算长度等，但字符串属于不可变序列，因此，不能直接对字符串对象进行元素的添加、修改和删除操作，切片也只能访问其中的元素而无法用来修改字符串中的字符。

6.1 字符串编码

ASCII(American standard code for information interchange，美国信息交换标准代码)是基于拉丁字母的一套计算机编码系统，主要用于显示现代英语和其他西欧语言。

ASCII 码使用指定的 7 位或 8 位二进制数组合来表示 128 或 256 种可能的字符。标准 ASCII 码也叫基础 ASCII 码，使用 7 位二进制数(剩下的 1 位二进制为 0)来表示所有的大写和小写字母、数字 0 到 9、标点符号，以及在美式英语中使用的特殊控制字符。但是，这里又出现了新的问题，不同国家的字母不同，如汉字就多达 10 万字左右，而一个字节只能表示 256 种符号，对于汉字肯定是不够的，就必须使用多个字节表达一个汉字。例如，简体中文常见的编码方式是GB2312，使用两个字节表示一个汉字，因此，理论上最多可以表示 $256 \times 256 = 65536$ 个符号。亚洲其他国家的文字，也有不同的编码方式，如果字符串中含有多种字符，则无论用哪个国家的编码，都会出现乱码，此时可使用 Unicode 编码。

Unicode(统一码、万国码、单一码)是一种在计算机上使用的字符编码，它为每种语言中的每个字符设定了统一且唯一的二进制编码，将世界上所有的文字用两个字节统一进行编码。采用Unicode编码，解决了乱码问题，但是如果一篇文章全是英文，用Unicode编码比 ASCII 编码需要多一倍的存储空间，而 UTF-8 是针对 Unicode 的一种可变长度字符编码，它可以用来表示 Unicode 标准中的任何字符，而且其编码中的第一个字节仍与ASCII相容，使得原来处理 ASCII 字符的软件无须或只进行少部分修改后，便可继续使用。

UTF-8 使用 1～4 字节为每个字符编码：一个 ASCII 字符只需 1 字节编码；带有变音符号的拉丁文、希腊文、西里尔字母、亚美尼亚语、希伯来文、阿拉伯文、叙利亚文等字母则需要 2 字节编码；其他语言的字符(包括中日韩文字、东南亚文字、中东文字等)包含了大部分常用字，使用 3 字节编码；其他极少使用的语言字符使用 4 字节编码。在 Python 3.x 中，默认使用的编码格式是 UTF-8，采用这种编码有效地解决了中文乱码的问题。

Python 3 支持 str 和 bytes 两种类型字符串，其中，str 表示Unicode字符，bytes 表示二进制数据。str 类型字符串可以通过 encode()方法转换成 bytes 类型的字符串，而 bytes 类型的字符串可以通过 decode()方法解码成 str 类型的字符串。

例如：

```
>>> s = '中国'
>>> type(s)
<class 'str'>
>>> s1 = s.encode('gbk')
>>> s1
b'\xd6\xd0\xb9\xfa'
>>> type(s1)
<class 'bytes'>
>>> s2 = s.encode('utf-8')
>>> s2
b'\xe4\xb8\xad\xe5\x9b\xbd'
>>> type(s2)
<class 'bytes'>
>>> s3 = s1.decode('gbk')
>>> s3
'中国'
>>> type(s3)
<class 'str'>
>>> s4 = s2.decode('utf-8')
>>> s4
'中国'
>>> type(s4)
<class 'str'>
```

另外，也可以使用内置函数 str()和 bytes()在这两种类型之间进行转换。例如：

```
>>> s = '不忘初心'
>>> type(s)
```

```
<class 'str'>
>>> b = bytes(s,encoding = 'gbk')
>>> b
b'\xb2\xbb\xcd\xfc\xb3\xf5\xd0\xc4'
>>> type(b)
<class 'bytes'>
>>> u = bytes(s,encoding = 'utf-8')
>>> u
b'\xe4\xb8\x8d\xe5\xbf\x98\xe5\x88\x9d\xe5\xbf\x83'
>>> type(u)
<class 'bytes'>
>>> s1 = str(b,encoding = 'gbk')
>>> s1
'不忘初心'
>>> type(s1)
<class 'str'>
>>> s2 = str(u,encoding = 'utf-8')
>>> s2
'不忘初心'
>>> type(s2)
<class 'str'>
```

6.2 字符串的常用方法

Python 字符串对象提供了大量的方法，用于字符串的查找、替换和排版等。另外，还有大量的内置函数和运算符也支持对字符串的操作。由于字符串属于不可变序列，所以只要涉及字符串修改的方法都是返回修改后的新字符串，而不是对原字符串做修改。

6.2.1 查找类方法

查找类方法包括 find()、rfind()、index()、rindex()及 count()等。find()和 rfind()方法分别用来查找一个字符串在另一个字符串指定范围中首次和最后依次出现的位置，如果不存在则返回-1；index()和 rindex()方法用来返回一个字符串在另一个字符串指定范围中首次和最后依次出现的位置，如果不存在则抛出异常；count()方法用来返回一个字符串在另一个字符串中出现的次数，如果不存在则返回 0。

例如：

```
>>> s = 'red,yellow,blue,yellow,green'
>>> s.find('yellow')          # 返回第一次出现的位置
4
>>> s.find('yellow',10)       # 从指定位置开始查找
```

```
16
>>> s.find('yellow',10,20)   # 在指定范围中进行查找
-1
>>> s.rfind('w')             # 从字符串尾部向前查找
21
>>> s.index('e')             # 返回首次出现的位置
1
>>> s.rindex('e')            # 返回最后一次出现的位置
26
>>> s.index('ab')            # 指定字符串不存在时抛出异常
Traceback (most recent call last):
    File "<pyshell#13>", line 1, in <module>
      s.index('ab')
ValueError: substring not found
>>> s.count('e')             # 统计字符串中出现的次数
6
>>> s.count('ab')            # 不存在时返回 0
0
```

6.2.2　分隔类方法

分隔类方法包括 split()、rsplit()、splitlines()、partition()及 rpartition()等。字符串对象的 split()和 rsplit()方法分别通过指定分隔符对字符串进行从左端和右端将其分隔成多个字符串，并返回包含分隔结果的列表。例如：

```
>>> s = 'red,yellow,blue,yellow,green'
>>> s.split(',')
['red', 'yellow', 'blue', 'yellow', 'green']
>>> s = '2021-04-11'
>>> s.split('-')
['2021', '04', '11']
```

如果不指定分隔符，则字符串中的任何空白符号(包括空格、换行符、制表符等)的连续出现都将被认为是分隔符，返回包含最终分隔结果的列表。例如：

```
>>> s = 'Nanchang Institute of Technology'
>>> s.split()
['Nanchang', 'Institute', 'of', 'Technology']
>>> s = '\n\nNanchang\tInstitute\t\tof Technology'
>>> s.split()
['Nanchang', 'Institute', 'of', 'Technology']
```

在分隔的同时，还可以指定最大分隔次数，分隔后的子字符串为最大分隔次数+1，如果可分隔的子字符串小于最大分隔数，则按实际能分隔的子字符串组成列表。例如：

```
>>> s = '\n\nNanchang\tInstitute\t\tof Technology'
>>> s.split(maxsplit=2)
['Nanchang', 'Institute', 'of Technology']
>>> s.rsplit(maxsplit=2)
['\n\nNanchang\tInstitute', 'of', 'Technology']
>>> s.split(maxsplit=10)
['Nanchang', 'Institute', 'of', 'Technology']
```

split()方法如果不传递参数，将使用任何空白符作为分隔符，如果字符串中存在连续的空白字符，则split()方法将被作为一个空白符对待。但是，明确传递参数指定分隔符时，情况略有不同。例如：

```
>>> s = 'red,,yellow,,,blue,yellow,green'
>>> s.split(',')
['red', '', 'yellow', '', '', 'blue', 'yellow', 'green']
>>> s = '\t\tNanchang\tInstitute\t\tof Technology'
>>> s.split('\t')
['', '', 'Nanchang', 'Institute', '', 'of Technology']
```

字符串对象的 splitlines()方法根据换行符(\n)分隔，并返回最终分隔结果的列表。例如：

```
>>> s = '\n\nNanchang\nInstitute\n\tof Technology'
>>> s.splitlines()
['', '', 'Nanchang', 'Institute', '\tof Technology']
```

字符串对象的 partition()和 rpartition()方法以指定字符串为分隔符将原字符串分隔为三部分，即分隔符之前的字符串、分隔符字符串和分隔符之后的字符串。如果指定的分隔符不在原字符串中，则返回原字符串和两个空字符串。如果字符串中有多个分隔符，那么partition()把从左往右遇到的第一个分隔符作为分隔符，rpartition()把从右往左遇到的第一个分隔符作为分隔符。例如：

```
>>> s = 'red,yellow,blue,yellow,green'
>>> s.partition(',')
('red', ',', 'yellow,blue,yellow,green')
>>> s.rpartition(',')
('red,yellow,blue,yellow', ',', 'green')
>>> s.rpartition('yellow')
('red,yellow,blue,', 'yellow', ',green')
>>> s.partition('red')
('', 'red', ',yellow,blue,yellow,green')
```

6.2.3 大小写转换类方法

大小写转换类方法包括 lower()、upper()、capitalize()、title()及swapcase()等。lower()方法将大写字母转换成小写字母，其他字符不变，并返回新字符串；upper()方法将小写字母转换成大写字母，其他字符不变，并返回新字符串；capitalize()方法将字符串首字母变成大写；title()方法将每个单词的首字母变为大写；swapcase()方法将字符串中的大小写互换。例如：

```
>>> s = 'Nanchang Institute of Technology'
>>> s.lower()
'nanchang institute of technology'
>>> s.upper()
'NANCHANG INSTITUTE OF TECHNOLOGY'
>>> s.capitalize()
'Nanchang institute of technology'
>>> s.title()
'Nanchang Institute Of Technology'
>>> s.swapcase()
'nANCHANG iNSTITUTE OF tECHNOLOGY'
```

6.2.4 删除空白符方法

删除空白符方法包含 strip()、rstrip()及 lstrip()，这 3 个方法分别用来删除字符串两端、左端、右端连续的空白或指定字符，返回新的字符串。例如：

```
>>> s = '     Nanchang Institute of Technology     '
>>> s.strip()      # 删除空白字符
'Nanchang Institute of Technology'
>>> s = '\t\nNanchang Institute of Technology\n\n'
>>> s.strip()      # 删除空白字符
'Nanchang Institute of Technology'
>>> s = '---Nanchang Institute of Technology------'
>>> s.strip('-')   # 删除指定字符
'Nanchang Institute of Technology'
>>> s.rstrip('-')  # 删除右端的指定字符
'---Nanchang Institute of Technology'
>>> s.lstrip('-')  # 删除左端的指定字符
'Nanchang Institute of Technology------'
```

6.2.5 连接替换类方法

连接替换类方法包括 join()、replace()、maketrans()和 translate()。字符串对象的 join()方法用来将列表中多个字符串进行连接，并在相邻两个字符串之间插入指定字符，返回新字符串。例如：

```
>>> list1 = ['red','yellow','blue','yellow','green']
>>> sep = ','
>>> sep.join(list1)
'red,yellow,blue,yellow,green'
>>> '-'.join(list1)
'red-yellow-blue-yellow-green'
>>> ''.join(list1)
'redyellowblueyellowgreen'
```

字符串对象的 replace()方法用来替换字符串中指定的子字符串或字符，类似 Word 中的查找和替换功能。该方法并不修改原字符串，而是返回一个新字符串。例如：

```
>>> s = 'red,yellow,blue,yellow,green'
>>> s.replace('yellow','black')
'red,black,blue,black,green'
>>> s.replace('red','RED')
'RED,yellow,blue,yellow,green'
```

字符串对象的maketrans()方法用来生成字符映射表，而translate()方法用来根据maketrans()方法生成的映射表中定义的对应关系来转换字符串中的字符，返回的是转换后的新字符串。这两个方法通常结合起来使用，可以一次性同时处理多个不同的字符，相当于执行多次replace()方法。例如：

```
>>> table = ''.maketrans('abcdef','uvwxyz')
>>> table
{97: 117, 98: 118, 99: 119, 100: 120, 101: 121, 102: 122}
>>> s = 'Python is a programming language.'
>>> s.translate(table)
'Python is u progrumming lunguugy.'
```

6.2.6 判断起始方法

字符串对象的 startswith()、endswith()方法用于判断字符串是否以指定字符串开始或结束。例如：

```
>>> s = 'Nanchang Institute of Technology'
>>> s.startswith('Nan')
True
>>> s.startswith('Nan',5)        # 指定检测范围的起始位置
False
>>> s.startswith('ang',5,10)     # 指定检测范围的起始和结束位置
True
>>> s.endswith('logy')
True
```

这两个方法还可以接收一个字符串元组作为参数来表示前缀或后缀。例如：

```
>>> import os
>>> [filename for filename in os.listdir(r'd:/') if \
filename.endswith(('.bmp','.jpeg','.gif'))]
['1.jpeg', '26.jpeg', '39.jpeg']
```

6.2.7　测试类方法

测试类方法包括 isalnum()、isalpha()、isdigit()、isdecimal()、isnumeric()、isspace()、isupper()及 islower()等。这几个方法分别用来测试字符串是否为数字或字母、是否全为字母、是否全为数字字符、是否只有十进制字符、是否只有数字字符、是否全为空白字符、是否全为大写字母及是否全为小写字母。例如：

```
>>> s1 = '1234abcb'
>>> s2 = 'abcd'
>>> s3 = '1234'
>>> s4 = '一二三'
>>> s5 = 'VVIVII'
>>> s1.isalnum()                # 只有数字和字母
True
>>> s1.isalpha()                # 不全是英文字母
False
>>> s2.isalpha()                # 全是英文字母
True
>>> s1.isdigit()                # 不全为数字
False
>>> s3.isdigit()                # 全数字
True
>>> s3.isdecimal()              # 全部为十进制字符
True
>>> s3.isnumeric()              # 全部为数字字符
True
>>> s4.isdigit()                # 不支持汉字数字
False
>>> s4.isdecimal()              # 不支持汉字数字
False
>>> s4.isnumeric()              # 支持汉字数字
True
>>> s5.isdigit()                # 不支持罗马数字
False
>>> s5.isdecimal()              # 不支持罗马数字
False
>>> s5.isnumeric()              # 支持罗马数字
True
```

6.2.8 排版类方法

排版类方法包括 center()、ljust()、rjust()及 zfill()。字符串对象的 center()、ljust()、rjust()分别返回指定宽度的新字符串，原字符串居中、左对齐或右对齐出现在新字符串中，如果指定的宽度大于字符串长度，则使用指定的字符(默认是空格)进行填充。zfill()返回指定宽度的字符串，在左侧以字符 0 进行填充。例如：

```
>>> s = 'Nanchang Institute of Technology'
>>> s.center(10)
'Nanchang Institute of Technology'
>>> s.center(50)
'         Nanchang Institute of Technology         '
>>> s.center(50,'*')
'*********Nanchang Institute of Technology*********'
>>> s.ljust(50,'*')
'Nanchang Institute of Technology******************'
>>> s.rjust(50,'*')
'******************Nanchang Institute of Technology'
>>> s.zfill(50)
'000000000000000000Nanchang Institute of Technology'
>>> s.zfill(20)
'Nanchang Institute of Technology'
```

6.2.9 字符串的其他运算

Python 可以使用“+”运算符进行字符串的连接。例如：

```
>>> s1 = 'hello'
>>> s2 = 'world'
>>> s = s1 + ' ' + s2
>>> s
'hello world'
```

但是使用“+”运算符涉及大量数据的复制，效率比较低，不适合大量长字符串的连接。下面演示使用“+”和字符串对象的 join()方法的速度差异，代码如下。

```
import time
str_list = ['Python is a programming language.' for n in range(10000)]
start1 = time.time()
s = ''
for i in range(1000):
    s.join(str_list)
end1 = time.time()
start2 = time.time()
```

```
for i in range(1000):
    result = ''
    for s in str_list:
        result = result + s
end2 = time.time()
print(end1-start1)
print(end2-start2)
```

运行结果如下。

```
0.08015942573547363
1.8798115253448486
```

当字符串的长度较长时，利用“+”连接会生成新的字符串，生成新的字符串就需要重新申请内存，因此效率非常低。

与列表、元组、字典、集合一样，字符串也可以使用成员测试运算符 in 来判断一个字符串是否在另一个字符串中出现。例如：

```
>>> 'a' in 'abcd'
True
>>> 'ac' in 'abcd'
False
>>> 'h' not in 'abcd'
True
```

下面的代码用来检测用户输入是否有敏感词语，并将敏感词语替换成 3 个星号。

```
words = ['非法','山寨','盗版']
text = input('请输入:')
for word in words:
    if word in text:
        text = text.replace(word,'***')
print(text)
```

运行结果如下。

```
请输入:你用的是盗版操作系统，这句话里有非法的词语
你用的是***操作系统，这句话里有***的词语
```

6.3 字符串常量

Python 标准库 string 提供了数字字符、英文字母大小写、标点符号等常量，可以直接使用。例如：

```
>>> import string
>>> string.digits                  # 数字
'0123456789'
>>> string.ascii_lowercase      # 小写字符
'abcdefghijklmnopqrstuvwxyz'
>>> string.ascii_uppercase      # 大写字符
'ABCDEFGHIJKLMNOPQRSTUVWXYZ'
>>> string.ascii_letters           # 大小写字符
'abcdefghijklmnopqrstuvwxyzABCDEFGHIJKLMNOPQRSTUVWXYZ'
>>> string.punctuation           # 特殊字符
'!"#$%&\'()*+,-./:;<=>? @[\\]^_`{|}~'
```

下面的程序生成随机的 6 位密码。

```
import random
import string
s = string.ascii_letters + string.digits + string.punctuation
pwd = ''.join((random.choice(s) for i in range(6)))
print(pwd)
```

运行结果如下。

```
4@ca_m
```

6.4 正则表达式*

正则表达式(regular expression)是通过一个文本模式来匹配一组符合条件的字符串，利用事先定义好的一些特定字符及它们的组合组成一个规则，检查一个字符串是否与这种规则匹配来实现对字符的过滤或匹配。在实际开发过程中经常会有查找符合某些复杂规则的字符串的需要，如邮箱、图片地址、手机号码等，此时想匹配或查找符合某些规则的字符串即可使用正则表达式。

6.4.1 正则表达式元字符

元字符，是指在正则表达式中具有特殊意义的专用字符。正则表达式由元字符及其不同的组合构成，通过巧妙构造正则表达式可以匹配任意字符串，完成查找、替换等复杂的字符串处理任务。正则表达式中常用的元字符及说明如表 6-1 所示。

表 6-1　正则表达式中常用的元字符及说明

<table>
<tr><th>元字符</th><th>说明</th></tr>
<tr><td>.</td><td>匹配除换行符以外的任意字符</td></tr>
<tr><td>*</td><td>匹配 0 次或多次前面出现的正则表达式</td></tr>
<tr><td>+</td><td>匹配 1 次或多次前面出现的正则表达式</td></tr>
<tr><td>^</td><td>匹配以^后面的字符或模式开头的字符串</td></tr>
<tr><td>$</td><td>匹配以$前面的字符或模式结束的字符串</td></tr>
<tr><td>|</td><td>匹配位于|之前或之后的字符</td></tr>
<tr><td>?</td><td>匹配 0 次或 1 次前面出现的正则表达式，紧随任何其他限定符(*、+、？、{n}、{n,m})之后时，表示“非贪心”匹配模式</td></tr>
<tr><td>\</td><td>表示位于\之后的字符为转义字符</td></tr>
<tr><td>-</td><td>匹配指定范围内的任意字符</td></tr>
<tr><td>[...]</td><td>匹配位于[]中的任意一个字符</td></tr>
<tr><td>[^...]</td><td>匹配除[]中字符之外的任意字符</td></tr>
<tr><td>{n}</td><td>匹配 n 次前面出现的正则表达式</td></tr>
<tr><td>{m,n}</td><td>匹配 m～n 次前面出现的正则表达式</td></tr>
<tr><td>()</td><td>匹配括号内的表达式，也表示一个组</td></tr>
<tr><td>\d</td><td>匹配任何十进制数字，与[0-9]一致</td></tr>
<tr><td>\D</td><td>与\d 含义相反</td></tr>
<tr><td>\w</td><td>匹配任何字母数字字符，与[A-Za-z0-9]相同</td></tr>
<tr><td>\W</td><td>与\w 含义相反</td></tr>
<tr><td>\s</td><td>匹配任何空白字符，与[\n\t\r\v\f]相同</td></tr>
<tr><td>\S</td><td>与\s 含义相反</td></tr>
<tr><td>\b</td><td>匹配任何单词边界</td></tr>
<tr><td>\num</td><td>num 是一个正整数，表示前面字符或子模式的编号</td></tr>
</table>

6.4.2　正则表达式的扩展语法

正则表达式使用圆括号()表示一个子模式，圆括号内的内容作为一个整体对待。使用子模式扩展语法可以实现更加复杂的字符串处理功能。常用的扩展语法及说明如表 6-2 所示。

表 6-2　常用的扩展语法及说明

语法	说明
(? P<name>)	由 name 标识而不是数字 ID 标识的正则分组匹配
(? iLmsux)	设置匹配标志，可以是几个字母的组合，每个字母含义与编译标志相同
(? :...)	匹配但不捕获该匹配的分组
(? P=name)	表示匹配在此之前命名为 name 的分组
(? #...)	表示注释
(? =...)	用于正则表达式之后，如果=后的内容在字符串中出现则匹配，但不返回=之后的内容
(? !...)	用于正则表达式之后，如果!后的内容在字符串中不出现则匹配，但不返回!之后的内容
(? <=...)	用于正则表达式之前，如果<=后的内容在字符串中出现则匹配，但不返回<=之后的内容
(? <!...)	用于正则表达式之前，如果<!后的内容在字符串中不出现则匹配，但不返回<!之后的内容

6.4.3　贪婪匹配和非贪婪匹配

在默认情况下，Python 正则表达式的匹配算法采用贪婪算法。例如，在字符串'hahahahaha'中，利用(haha){3,5}可以匹配出 5 个实例而不是 3 个实例。贪婪匹配在有二义的情况下，会尽可能地匹配最长的字符串。下面通过例子来详细解释贪婪匹配算法的匹配过程。假设有待匹配的字符串'<1234><5678>'，现在设计一个正则表达式'<.+>'，该正则表达式对字符串的匹配过程如下：首先匹配<；其次匹配后面的.+，由于贪婪匹配算法是尽可能多地匹配字符，所以.+匹配的是所有字符；再次正则表达式试图匹配>，但是由于通过.+的匹配，字符串已经到了末尾，无法匹配到>，所以匹配回溯；最后.+尝试少匹配一个字符，即只匹配到<1234><5678，再次尝试匹配>，当前位置上的字符正好是>，匹配成功。

贪婪匹配实际上是得到了一个最长的匹配，如果希望匹配的算法不那么贪婪，而是匹配出尽可能短的结果，则可以使用非贪婪算法，也称为惰性匹配算法。非贪婪算法只需要在重复元字符后面加上“？”即可。对于前面的例子，如果把正则表达式改为'<.+？>'，则匹配过程如下：首先，正则表达式的第一个字符<会匹配字符串中出现的第一个<；其次，.+匹配字符 1 后，匹配>，匹配>失败，匹配算法回溯，以此类推，.+继续匹配字符 2、字符 3 和字符 4，直到匹配>成功，即可找到匹配字符串'<1234>'。

6.5 使用正则表达式模块 re 处理字符串*

6.5.1 re 模块

Python 标准库 re 模块提供了正则表达式操作所需的全部功能，导入 re 模块之后，可以直接使用 re 模块中的方法来处理字符串，也可以将正则表达式编译成正则表达式对象再使用。常见 re 模块中的方法及说明如表 6-3 所示。

表 6-3　常见 re 模块中的方法及说明

方法	说明
compile(pattern[,flags])	对正则表达式模式进行编译，生成一个正则表达式对象
match(pattern,string[,flags])	从字符串的起始位置开始匹配一个模式，若匹配成功，则返回匹配对象，否则返回 None
search(pattern,string[,flags])	扫描整个字符串并返回第一个成功的匹配，若失败则返回 None
sub(pattern, repl, string, count=0)	使用 repl 替换 count 次正则表达式的模式在字符串中出现的位置；默认替换所有
subn(pattern, repl, string, count=0)	与 sub()方法类似，但返回的是新字符串和替换次数的二元组
findall(pattern,string[,flags])	在字符串中找到正则表达式匹配的所有子串，并返回一个匹配列表
finditer(pattern,string[, flags])	与 findall()方法相同，但返回的不是列表而是迭代器；对于每一个匹配，该迭代器返回一个匹配对象
split(pattern,string, maxsplit=0)	根据正则表达式模式分隔符把字符分割为一个列表，返回成功匹配的列表，最多分割 maxsplit 次(默认是分割所有匹配成功的位置)
purge()	清空正则表达式缓存

表 6-3 中的很多方法都有一个参数 flags，该参数为可选参数，也称为可选标记修饰符。正则表达式中可以包含一些可选标记修饰符来控制匹配的模式，常见的可选标记修饰符及含义如表 6-4 所示。

表 6-4　常见的可选标记修饰符及含义

标记修饰符	含义
re.I	使匹配对大小写不敏感
re.L	做本地化识别(locale-aware)匹配
re.M	多行匹配，影响 ^ 和 $

(续表)

标记修饰符	含义
re.S	使 . 匹配包括换行在内的所有字符
re.U	根据 Unicode 字符集解析字符
re.X	忽略模式中的空格并可以使用#注释

6.5.2 匹配对象及 group()和 groups()方法

匹配对象是成功调用 match()或 search()返回的对象。匹配对象有两个主要的方法：group()和 groups()。其中，group()要么返回整个匹配对象，要么根据要求返回特定子组；groups()则仅返回一个包含唯一或全部子组的元组。如果没有子组的要求，那么当 group()仍返回整个匹配时，groups()返回一个空元组。

6.5.3 match()和 search()方法

match()方法试图从字符串的起始部分对模式进行匹配，如果匹配成功，则返回一个匹配对象；如果匹配失败，则返回 None。

匹配对象的 group()方法能够用于显示成功的匹配；start()方法用于获取分组匹配的子串在整个字符串中的起始位置；end()方法用于获取分组匹配的子串在整个字符串中的结束位置；span()方法返回(start(), end())。例如：

```
>>> import re
>>> m = re.match('Nanchang','Nanchang Institute of Technology')
>>> m.group()
Nanchang
>>> m = re.match('chang','Nanchang Institute of Technology')
>>> print(m)
None
>>> line = 'cat are smarter than dogs'
>>> ret_match = re.match(r'(.*) are (.*？) .*',line,re.M|re.I)
>>> if ret_match:
        print('ret_match.group():',ret_match.group())
        print('ret_match.group(1):',ret_match.group(1))
        print('ret_match.group(2):',ret_match.group(2))
else:
    print('No match!')
```

运行结果如下。

```
ret_match.group(): cat are smarter than dogs
ret_match.group(1): cat
```

```
ret_match.group(2): smarter
```

search()方法在任意位置对给定正则表达式模式搜索第一次出现的匹配情况。如果搜索到成功的匹配，则会返回一个匹配对象；否则，返回 None。

search()与 match()相比，match()只能从起始开始匹配，search()可以匹配任意位置。例如：

```
>>> import re
>>> re.search('Nanchang','Nanchang Institute of Technology').span()
(0, 8)
>>> re.search('chang','Nanchang Institute of Technology').span()
(3, 8)
>>> re.search('Institute','Nanchang Institute of Technology').span()
(9, 18)
>>> line = 'cat are smarter than dogs'
>>> ret_search = re.search( r'(.*) are (.*？ ) .*', line, re.M|re.I)
>>> if ret_search:
        print ('ret_search.group() : ', ret_search.group())
        print ('ret_search.group(1) : ', ret_search.group(1))
        print ('ret_search.group(2) : ', ret_search.group(2))
else:
    print('Nothing found!')
```

运行结果如下。

```
ret_search.group() :   cat are smarter than dogs
ret_search.group(1) :   cat
ret_search.group(2) :   smarter
```

6.5.4　sub()和 subn()函数

sub()和 subn()函数用于实现检索和替换功能，这两个函数都是将某一个字符串中所有匹配的正则表达式的部分替换成其他字符串。用来替换的部分可以是一个字符串，也可以是一个函数，该函数返回一个用来替换的字符串。sub()函数返回替换后的结果，subn()函数返回一个元组，元组的第 1 个元素是替换后的结果，第 2 个元素是替换的总数。例如：

```
>>> import re
>>> phone = '400-800-8888 #这是一个电话号码'
>>> num = re.sub(r'\D','',phone)
>>> print('电话号码:',num)
电话号码: 4008008888
>>> s = "Apple is my favorite fruit. It's good for my health"
>>> result = re.subn('my','your',s)
>>> print(result)
("Apple is your favorite fruit. It's good for your health", 2)
```

下面的实例是利用函数将字符串中匹配的数字乘以 2。

```
def double(matched):
    value = int(matched.group('value'))
    return str(value * 2)
s = 'A23G4HFD567'
print(re.sub('(? P<value>\d+)', double, s))
```

运行结果如下。

```
A46G8HFD1134
```

6.5.5 使用 compile()编译正则表达式

利用 compile()方法可以将正则表达式编译成正则表达式对象，使用编译后的正则表达式对象可以提高字符串的处理速度，方便后续调用。首先使用 re 模块的 compile()方法将正则表达式编译成正则表达式对象，然后使用正则表达式对象提供的方法对字符串进行处理。例如：

```
>>> import re
>>> pattern = re.compile(r'\d+')   # 用于匹配至少一个数字
>>> res_match = pattern.match('hello12world34hello56python')   # 查找头部，没有匹配
>>> print(res_match)
None
>>> res_match = pattern.match('hello12world34hello56python',3,10)
>>> print(res_match)
None
>>> res_match = pattern.match('hello12world34hello56python',5,10)
>>> print(res_match)
<re.Match object; span=(5, 7), match='12'>
>>> res_match.group(0)
'12'
>>> res_match.start(0)
5
>>> res_match.end(0)
7
>>> res_match.span()
(5, 7)
>>> pattern = re.compile(r'([a-z]+) ([a-z]+)', re.I)   # re.I 表示忽略大小写
>>> res_match = pattern.match('Hello World Wide Python')
>>> print(res_match)
<re.Match object; span=(0, 11), match='Hello World'>
>>> res_match.group()
'Hello World'
>>> res_match.span()
```

```
(0, 11)
>>> res_match.group(1)
'Hello'
>>> res_match.group(2)
'World'
```

6.5.6 findall()、finditer()和 split()方法

findall()方法用于在字符串中找到正则表达式所匹配的所有子串，并返回一个列表，如果没有找到匹配的，则返回空列表；finditer()方法与 findall()方法类似，在字符串中找到正则表达式所匹配的所有子串，并把它们作为一个迭代器返回；split()方法将模式中的字符串都作为分隔符来分割字符串，分割结果以列表形式返回。例如：

```
>>> s = '''Beautiful is better than ugly.
Explicit is better than implicit.
Simple is better than complex.
Complex is better than complicated.
'''
>>> pattern = re.compile(r'\b[a-zA-Z]{4}\b')
>>> pattern.findall(s)
['than', 'ugly', 'than', 'than', 'than']
>>> s = 'Nanchang Institute of Technology'
>>> pattern = re.compile(r'\b\w+\b')
>>> pattern.findall(s)
['Nanchang', 'Institute', 'of', 'Technology']
>>> it = pattern.finditer(s)
>>> for match in it:
        print(match.group())

Nanchang
Institute
of
Technology
>>> re.split(r'\d+','one1two2three3four4five5')
['one', 'two', 'three', 'four', 'five', '']
```

6.6 应用举例

例 1：编写程序，输入一个字符串，分别统计大写字母、小写字母、数字及其他字符的个数。代码如下。

```
s = input('请输入一个字符串:')
c1,c2,c3,c4 = 0,0,0,0
```

```
for i in s:
    if i.isupper():
        c1 += 1
    elif i.islower():
        c2 += 1
    elif i.isdigit():
        c3 += 1
    else:
        c4 += 1
print(f'大写字母{c1}个；小写字母{c2}个；数字{c3}个；其他字符{c4}个。')
```

例 2：编写程序，计算字符串匹配的准确率。代码如下。

```
origin = input('请输入原文:')
user_input = input('请用户输入:')
num = 0
if len(origin) != len(user_input):
    print('输入的内容和原文内容必须相等！')
else:
    for i,j in zip(origin,user_input):
        if i == j:
            num += 1
rate = num/len(origin)*100
print(f'准确率为{rate}%')
```

运行结果如下。

```
请输入原文:hello
请用户输入:hello
准确率为 100.0%
```

例 3：编写程序，统计输入的英文文章中不同单词出现的次数，并输出出现频率最高的单词。代码如下。

```
import re
text = input('请输入英文文章:')
words = re.findall(r'\b\w+\b',text)
result = {}
for word in words:
    result[word] = result.get(word,0) + 1
m = 0
for key,value in result.items():
    if value > m:
        m = value
print('单词统计结果如下:')
for key,value in result.items():
    print(key,':',value)
```

```
print('出现频率最高的单词有:')
for key,value in result.items():
    if value == m:
        print(key)
print(f'共出现了{m}次!')
```

运行结果如下。

```
请输入英文文章:hello world hello python hello a a a
```

单词统计结果如下。

```
hello : 3
world : 1
python : 1
a : 3
```

出现频率最高的单词如下。

```
hello
a
共出现了 3 次!
```

例 4：编写程序，判断用户输入的变量名是否合法，需要满足以下条件。

(1) 变量名可以由字母、数字或下画线组成。

(2) 变量名只能以字母或下画线开头。

代码如下。

```
while True:
s = input('请输入变量名:')
    if s == 'q':
        exit()
    if s[0] == '_' or s[0].isalpha():
        for i in s[1:]:
            if not (i.isalnum() or i == '_'):
                print(f'{s}不是一个合法的变量名')
                break
        else:
            print(f'{s}是一个合法的变量名')
    else:
        print(f'{s}不是一个合法的变量名')
```

运行结果如下。

```
请输入变量名:abc
abc 是一个合法的变量名
请输入变量名:_1
```

```
_1 是一个合法的变量名
请输入变量名:set_default
set_default 是一个合法的变量名
请输入变量名:12a
12a 不是一个合法的变量名
请输入变量名:q
```

例 5：将每行中的电子邮件地址替换为你自己的电子邮件地址。代码如下。

```
import re
s = '''693152032@qq.com, werksdf@163.com, sdf@sina.com,
sfjsdf@139.com, soifsdfj@134.com,pwoeir423@123.com'''
content = re.sub(r'\w+@\w+.com', 'hjj2004045@163.com', s)
print(s)
print('-----------------------------')
print(content)
```

运行结果如下。

```
693152032@qq.com, werksdf@163.com, sdf@sina.com,
sfjsdf@139.com, soifsdfj@134.com,
pwoeir423@123.com
-----------------------------
hjj2004045@163.com, hjj2004045@163.com, hjj2004045@163.com,
hjj2004045@163.com, hjj2004045@163.com,
hjj2004045@163.com
```

例 6：下面有一段 html 代码，其中包含一些标签和文本内容，利用正则表达式匹配出所有的电影名称。

```
import re
html = '''
< div class="movie-title "title="我和我的祖国">我和我的祖国</div>
< div class ="movie-title "title="长津湖">长津湖</div>
< div class ="movie-title "title="战狼 2">战狼 2</div>
< div class ="movie-title "title="开国大典" >开国大典</div>
< div class ="movie-title "title="建党伟业">建党伟业</div>
'''
result = re.findall(r'title=.*？>(.*？)</div>',html,re.S)
for film in result:
    print(film.strip())
```

运行结果如下。

```
我和我的祖国
长津湖
战狼 2
开国大典
建党伟业
```

6.7 本章小结

本章首先介绍了Python中的字符串，讲解了字符串的表示方法和字符串中的转义字符，以及字符串的常见操作、方法；其次介绍了正则表达式的基本语法、元字符的用法，以及如何通过re模块实现正则表达式的匹配等技术。

6.8 习题

1. 填空题

(1) 转义字符以________开头。

(2) 删除字符串前后空白符的函数是________。

(3) 匹配除换行符以外的任意单个字符的正则表达式元字符是________。

(4) 表达式'Hello world. I like Python.'.rfind('python')的值为________。

(5) 已知 x = 'a234b123c'，并且 re 模块已导入，则表达式 re.split('\d+', x)的值为________。

(6) 当在字符串前加上小写字母_____或大写字母_____表示原始字符串时，不对其中的任何字符进行转义。

(7) 表达式 len('中国'.encode('utf-8'))的值为___________。

(8) 表达式 len('中国'.encode('gbk'))的值为____________。

(9) 正则表达式模块 re 的__________方法用来编译正则表达式对象。

2. 选择题

(1) 下列关于字符串说法错误的是(　　)。

A. 字符应该视为长度为 1 的字符串

B. 以\0 标识字符串的结束

C. 既可以用单引号也可以用双引号创建字符串

D. 在三引号字符串中可以包含换行、回车等特殊字符

(2) 若有 Python 语句 s='hello';，则 print(s[1:3])的运行结果是(　　)。

A. hel　　B. he　　C. ell　　D. el

(3) 正则表达式元字符(　　)用来表示该符号前面的字符或子模式出现 0 次或多次。

A. +　　B. *　　C. |　　D. ?

(4) 已知 x='abcdefg'，则表达式 x[3:]+x[:3]的值为(　　)。

A. 'defgabc'　　B. 'cdefgab'　　C. 'abcdefg'　　D. 'cdefgabc'

3. 简答题

(1) 简述 Python 中格式化字符串的几种方法。

(2) 正则表达式提供了哪些元字符？

4. 编程题

(1) 编写程序，统计输入的字符串中单词的个数，单词之间只用空格分隔。

(2) 假设有一段英文，其中有单独的字母“I”误写为“i”，请编写程序进行纠正。

(3) 编写程序，判断一个字符串是不是回文字符串。回文字符串是指正序和逆序相同的字符串。

(4) 有一段英文文本，其中有单词连续重复了两次，编写程序检查重复的单词并只保留一个。例如，文本内容为“This is is a desk.”，程序输出为“This is a desk.”。

第 7 章 面向对象程序设计

面向对象程序设计(object oriented programming，OOP)的思想主要是针对大型软件设计提出的，使软件设计更加灵活，能够很好地支持代码复用和设计复用，并且使代码具有更好的可读性和可扩展性。面向对象程序设计的一个关键性概念是将数据及对数据的操作封装在一起，组成一个相互依存、不可分割的整体，即对象。对于相同类型的对象进行分类、抽象后，会得出共同的特征而形成类，面向对象程序设计的关键就是如何合理地定义和组织这些类及类之间的关系。

本章首先介绍 Python 面向对象的基本概念，然后从定义类开始，详细介绍类的属性、类的方法、对象的创建和初始化、继承、多态等的概念、原理、操作技巧与注意事项。

7.1 面向对象的基本概念及特性

面向对象程序设计是相对于结构化程序设计而言的，它把对象作为程序代码的整个结构的基础和组成元素。

现实生活中，每一个相对独立的事物都可以看作一个对象，如一个人、一本书、一台计算机、一辆车等。对象由数据(描述事物的属性)和作用于数据的操作(体现事物的行为，称为方法)封装在一起，构成一个独立的整体。

在 Python 中，一切都是对象，即不仅是具体的事物称为对象，字符串、函数等也都是对象。Python 从设计之初就是面向对象的。

类(class)是对象的模板，是为所有对象定义了抽象的属性与行为，对象则是类的具体表达，是类的实例。例如，定义一个“鸟”类，在该类中可以定义每个对象共有的属性和方法，鸟类具有翅膀和爪子等属性，觅食、飞行和睡觉等方法，而鹦鹉是这个鸟类的一个对象。一个类可以有其子类，子类也可以再有子类，从而形成类的层次结构。

消息是对象之间进行通信的一种规格说明。一个对象通过接收消息、处理消息、传出消息或使用其他类的方法来实现一定功能，称为消息传递机制。

面向对象程序设计具有封装、继承和多态三大基本特性。

1. 封装

封装(encapsulation)就是将一个数据及与该数据有关的操作集合在一起，形成一个实体——对象，用户不必知道对象行为的实现细节，只需根据对象提供的外部特性接口访问对象即可。这意味着数据和代码一起出现在同一结构中，在数据周围砌上了“围墙”，而只有使用对象类的方法才能在“围墙”上打开缺口。其目的在于将对象的用户与设计者分开，用户不必知道对象行为的细节，只需用设计者提供的协议命令对象去做就可以。即我们可以创建一个接口，只要该接口保持不变，即使完全重写了指定方法中的代码，应用程序也可以与对象交互作用。例如，用户使用计算机，只需要使用手指敲击键盘和鼠标就可以实现一些功能，而无须知道计算机内部是如何工作的。

面向对象的封装特性使对象以外的事物不能随意获取对象的内部属性(公有属性除外)，有效地避免了外部错误对它产生的影响，大大减轻了软件开发过程中查错的工作量，减小了排错的难度，隐蔽了程序设计的复杂性，提高了代码重用性，降低了软件开发的难度。

2. 继承

继承(inheritance)也称为类的继承机制，是指在面向对象程序设计中，根据既有类(基类)派生出新类(派生类)的现象。

派生类无须重新定义在父类(基类)中已经定义的属性和行为，而是自动地拥有其父类的全部属性与行为。派生类既具有继承下来的属性和行为，又具有自己新定义的属性和行为。当派生类又被它更下层的子类继承时，它继承的及自身定义的属性和行为又被下一级子类继承下去。面向对象程序设计的继承机制实现了代码重用，有效地缩短了程序的开发周期。

3. 多态

多态(polymorphism)是指基类中定义的属性或行为，被派生类继承之后，可以具有不同的数据类型或表现出不同的行为特征，使得同样的消息可以根据发送消息对象的不同而采用多种不同的行为方式。

7.2 类和对象

类是一系列具有相同特征和行为的事物的统称，是一个抽象的概念，而对象是具体的，是类的一个实例。使用时，必须先定义类，然后再创建对象。

Python 使用 class 关键字来定义类，class 关键字之后是一个空格，然后是类的名字，再后是一个冒号，最后换行并定义类的内部实现。类名的首字母一般要大写，当然也可以按照自己的习惯定义类名，但是一般推荐参考惯例来命名，并在整个系统的设计和实现中保持风格的一致，这一点对于团队合作尤其重要。

7.2.1 类的定义

Python 中，定义类的一般格式如下。

```
class 类名(父类名):
    类体
```

类名一般使用大写字母开头，如果类名包括两个单词，则第二个单词的首字母也大写，这是惯例。

类体主要由类变量(或类成员)、方法和属性等定义语句组成。如果在定义类时没有想好类的具体功能，也可以在类体中直接使用 pass 语句代替。

例如，定义一个 Person 类，代码如下。

```
class Person:
    count = 1                        # 属性
    def say_hello(self):             # 方法
        print('Hello!')
    def  sample(n_samples):
        pass                         # 该处 pass 占据一个位置，使程序可以正常运行
age = int(input("请输入你的年龄："))
if age<12:
    print("婴幼儿")
elif  age>=12 and  age<18:
    print("青少年")
elif  age>=18 and  age<30:
    print("成年人")
elif  age>=30 and  age<50:
    pass
else
    print("老年人")
```

运行结果如下。

```
请输入你的年龄：39
程序并没有进行任何操作。
```

定义好 Person 类后，如果直接运行程序，是看不到任何效果的，接下来还需要根据 Person 类创建 Person 对象的实例。

7.2.2 对象的创建和使用

定义类后，并不会真正创建一个实例，因此要使用类定义的功能，必须将类实例化，即创建类的对象。创建类对象的语法格式如下。

```
对象名 = 类名(参数列表)
```

创建对象后，要访问实例对象的属性和方法，可以通过“.”运算符来连接对象名和属性或方法。其一般格式如下。

```
对象名.属性名
对象名.方法名(参数列表)
```

例如，在创建完上面的 Person 类后，定义一个 Person 类的对象 p，并访问它的属性，调用它的方法，代码如下。

```
p = Person()
print(p.count)
p.say_hello()
```

运行结果如下。

```
1
Hello!
```

例如，创建 Student 类，并创建两个 Student 对象，访问其属性和方法。代码如下。

```
class Student:
    count = 0
    def __init__(self,name,age):
        self.name = name
        self.age = age
        Student.count += 1

    def display_Student(self):
        print(f'Name:{self.name}    Age:{self.age}')

stu1 = Student('李源', 20)
stu2 = Student('马鑫', 21)
```

```
stu1.display_Student()
stu2.display_Student()
print(f'Total Student: {Student.count}')
```

运行结果如下。

```
Name:李源      Age:20
Name:马鑫      Age:21
Total Student: 2
```

7.2.3　构造方法和析构方法

类在实例化时需要做一些初始化的工作，而构造方法就是完成这些工作的最佳选择。构造方法时创建对象过程中被调用的第一个方法，通常用于初始化对象中需要的资源，如初始化一些变量。由于构造方法是特殊方法，所以在定义构造方法时，需要在方法名两侧各加两条下画线，构造方法的方法名是__init__()。除了方法名比较特殊以外，其他方面与普通方法类似。

1. 构造方法

构造方法一般用于完成对象数据成员初始值的设置或进行其他初始化工作。在创建类后，通常会创建一个__init__()方法，每当创建一个类的新实例时，Python 都会自动执行它。__init__()方法必须包含一个 self 参数且必须是第一个参数。self 参数是一个指向实例本身的引用，用于访问类中的属性和方法。在方法调用时会自动传递实际参数 self。

下面代码是构造方法应用示例，定义一个 Person 类，在__init__()方法中初始化。

```
class Person:
    def __init__(self,name='李源'):
        print('构造方法已经执行!')
        self.name = name
    def get_name(self):
        return self.name

p = Person()
print(p.get_name())
p1 = Person('梅星越')
print(p1.get_name())
```

运行结果如下。

```
构造方法已经执行!
李源
构造方法已经执行!
梅星越
```

当实例化一个类对象时，最先被调用的并不是__init__()方法而是__new__()方法。__new__()方法用于创建对象，而__init__()方法是在对象创建完成之后初始化对象状态。__new__()方法创建完对象后，将该对象传递给__init__()方法中的self参数。

__new__()方法是一个静态方法，在object类中已经定义。下面是验证__new__()方法和__init__()方法执行先后顺序的示例。

```
class Foo:
    def __init__(self):
        print('执行了 init')
    def __new__(cls):
        print('执行了 new')
        return object.__new__(cls)

f = Foo()
```

运行结果如下。

```
执行了 new
执行了 init
```

从运行结果可以看出，创建实例对象时，__new__()方法在__init__()方法之前执行。__new__()方法至少需要一个参数cls来表示需要实例化的类。此参数实例化时由Python解释器自动提供。__new__()方法必须要有返回值，返回实例化对象。

2. 析构方法

Python中类的析构方法是__del__()，用来释放对象占用的资源，在Python收回对象空间之前自动执行。如果用户未提供析构方法，Python将提供一个默认的析构方法进行必要的清理工作。当删除对象时，Python解释器也会默认调用__del__()方法。

下面代码演示析构方法的执行过程。

```
class Student:
    def __init__(self,name):
        self.name = name
        print('执行了 init 方法')

    def __del__(self):
        print('执行了 del 方法')

stu1 = Student('李源')
stu2 = Student('梅星越')

print('准备删除 stu1')
del stu1
```

```
print('准备删除 stu2')
del stu2
```

运行结果如下。

```
执行了 init 方法
执行了 init 方法
准备删除 stu1
执行了 del 方法
准备删除 stu2
执行了 del 方法
```

在使用 del 命令删除对象之后，自动调用了__del__()方法。

7.3 属性

属性是类中对象所具有的性质，即数据值，也称为数据成员。属性实际上就是定义在类中的变量，根据属性定义的位置不同，可以区分为实例属性和类属性；根据访问控制权限的不同，又可以分为私有属性和公有属性。

7.3.1　实例属性和类属性

实例属性是某个具体实例特有的属性，不会影响类，也不会影响其他实例。例如，实例化一个 Student 类的对象后，其 name 属性是'李源'，age 属性是 20，这些属性都是该对象特有的，与其他对象无关。

实例属性一般定义在__init__()方法中，通过“self.实例属性名 = 初始值”的形式初始化。其他实例方法要访问实例属性也必须通过“self.实例属性名”来访问。

例如，定义 Rectangle 类表示矩形。该类有 width 和 height 两个实例属性，均在初始化方法中定义；有 get_area()和 get_perimeter()两个方法，分别计算矩形的面积和周长。代码如下。

```
class Rectangle:
    def __init__(self,width,height):
        self.width = width
        self.height = height

    def get_area(self):
        return self.width * self.height

    def get_perimeter(self):
        return (self.width + self.height) * 2
```

```
t1 = Rectangle(10,5)
print(f'矩形 t1 的宽是:{t1.width},高是:{t1.height}')
print(f'矩形 t1 的面积:{t1.get_area()}')
print(f'矩形 t1 的周长:{t1.get_perimeter()}')
t1.width = 8
print(f'矩形 t1 新的宽是:{t1.width}')
```

运行结果如下。

```
矩形 t1 的宽是:10,高是:5
矩形 t1 的面积:50
矩形 t1 的周长:30
矩形 t1 新的宽是:8
```

上述程序代码中，t1 = Rectangle(10,5)表示通过构造方法创建宽为 10、高为 5 的矩形对象 t1，然后通过 print 语句打印出 t1 的宽和高；由于 width 和 height 均为实例属性，只能通过对象名 t1 访问，因此在该 print 语句中，宽和高的值通过 t1.width 和 t1.height 表示；调用 get_area()和 get_perimeter()方法计算出面积和周长；通过 t1.width = 8 修改 t1 对象的实例属性。

实例属性是实例对象特有的属性，而类属性则是实例对象共有的属性，类似于全局变量，在内存中只存在一个副本。

类属性是在类的方法外定义的，它属于类，可以通过类名访问，也可以通过实例对象访问。虽然类属性可以通过实例对象访问，但不建议这样做，因为这样做可能造成类属性值不一致。

例如，定义 Student 类，设置类属性 country 及实例属性 name 和 age，创建两个对象 stu1 和 stu2，分别输出其信息。代码如下。

```
class Student:
    country = '中国'
    def __init__(self,name,age):
        self.name = name
        self.age = age

stu1 = Student('李源', 20)
stu2 = Student('马鑫', 21)
print(f'姓名:{stu1.name},年龄:{stu1.age},国籍:{Student.country}')
print(f'姓名:{stu2.name},年龄:{stu2.age},国籍:{Student.country}')
```

运行结果如下。

```
姓名:李源,年龄:20,国籍:中国
姓名:马鑫,年龄:21,国籍:中国
```

上述程序代码中，既有类属性，又有实例属性。其中，类属性 country 不定义在任何方法中，而实例属性 name 和 age 是定义在__init__()中由 self 引导的变量。程序中创建了两个实例对象 stu1 和 stu2 并进行初始化，在最后的输出语句中通过“对象名.属性名”的方式引用实例对象，通过“类名.属性名”的方式引用类属性。

7.3.2　私有属性和公有属性

类中的属性根据外部对其访问权限，分为公有属性和私有属性。在开发过程中，为了程序的安全，可以将属性定义为私有属性，这样就只能在其所在的类内部访问，而不能在类的外部直接访问。

Python 中属性名以双下画线开头，且不以双下画线结尾的属性表示该属性为私有属性，在类的外部访问私有属性会引发异常，属性被私有化后，即使是继承它的子类也不能访问，但可以通过“对象名._类名__私有属性名”的方式直接访问私有属性。没有以任何下画线开头的属性是公有属性，在任何地方均可以访问该属性。

例如：

```
class Person:
    def __init__(self,name,age,weight,height):
        self.name = name
        self.age = age
        self.__weight = weight   # 定义私有属性体重
        self.__height = height   # 定义私有属性身高

    def show_weight(self):
        print(f'{self.name}的体重是{self.__weight}千克')

p = Person('李源', 20, 60, 1.7)
print(f'姓名:{p.name},体重:{p._Person__weight}千克')
# print(f'姓名:{p.name},体重:p.__weight}')   # 不能直接访问私有属性
p.show_weight()   # 在类中访问私有属性
```

运行结果如下。

```
姓名:李源,体重:60 千克
李源的体重是 60 千克
```

上述程序中定义了一个 Person 类，类中定义了 name、age、weight 和 height 4 个实例属性，其中 name 和 age 属于公有属性，weight 和 height 属于私有属性。公有属性可以任意访问，而通过 p._Person__weight 方式可以访问私有属性，也可以通过调用类中定义的 show_weight 方法中的语句来访问私有属性。

在开发 Python 时，原则上少用私有属性。在给属性取名时，尽量避免使用双下画线开头和双下画线结尾的名称，这类属性一般是 Python 中专用的标识符。

7.4 方法

在面向对象程序设计中，函数和方法这两个概念是有本质区别的。方法一般指与特定实例绑定的函数，通过对象调用方法时，对象本身将作为第一个参数自动传递过去，普通的函数不具备这个特点。例如，内置函数sorted()必须指定要排序的对象，而列表对象的 sort()方法则不需要，默认的是对当前列表进行排序。

Python 的方法根据使用场景不同，可以分为实例方法、类方法和静态方法 3 种。

7.4.1 实例方法

实例方法顾名思义，就是与具体实例有关的方法。所有实例方法都应至少有一个名为 self 的参数(self 参数代表当前对象)，并且必须是方法的第一个参数。在实例方法中访问实例成员时需要以 self 为前缀，但在外部通过对象名调用对象方法时不需要传递这个参数。如果在外部通过类名调用属于对象的公有方法，则需要显式为该方法的 self 参数传递一个对象名，用来明确指定访问哪个对象的成员。实例方法的格式如下。

```
def 实例方法名(self, [形参列表]):
        函数体
```

调用实例方法是通过“对象名.方法名”来调用的。下面是实例方法示例。

```
class Person:
    def __init__(self,name,age,weight,height):
        self.name = name
        self.age = age
        self.__weight = weight      # 定义私有属性
        self.__height = height      # 定义私有属性

    def get_weight(self):           # 定义公有方法
        return self.__weight        # 访问私有属性

    def get_height(self):           # 定义公有方法
        return self.__height        # 访问私有属性

    def __getBMI(self):             # 定义私有方法
        bmi = self.__weight/self.__height**2
        return bmi

    def get_grade(self):
        if self.age>=18:
            bmi = self.__getBMI()   # 调用私有方法
            if bmi<18.5:
```

```
                print('过轻')
            elif bmi<25.0:
                print('正常')
            elif bmi<28.0:
                print('过重')
            elif bmi<32.0:
                print('肥胖')
            else:
                print('非常肥胖')
        else:
            print('不到 18 岁不计算 BMI')

p = Person('李源',20,60,1.70)
print(f'姓名:{p.name}')
print(f'体重:{p.get_weight()}kg')
print(f'身高:{p.get_height()}m')
p.get_grade()
```

运行结果如下。

```
姓名:李源
体重:60kg
身高:1.7m
正常
```

实例方法是 Python 中最常见的方法，而且大部分方法都属于实例方法，如 Python 中认为不属于类方法和静态方法的方法都是实例方法。

7.4.2　类方法

类方法主要用于与类有关的操作，而不与具体的实例有关。类方法的定义格式如下。

```
@classmethod
def 类方法名(cls,[形参列表]):
        函数体
```

类方法定义之前由@classmethod 语句引导，第一个参数一般为 cls，类方法只能修改类属性，不能修改实例属性，调用时可以使用“类名.类方法名”，也可以使用“对象名.类方法名”。

类方法示例如下。

```
class Goods():
    __discount = 1
    def __init__(self,name,price):
        self.name = name
        self.price = price
```

```
    @classmethod                                    #类方法
    def change_discount(cls,new_discount):
        cls.__discount = new_discount

    def finally_price(self):
        return self.price * self.__discount

apple = Goods('苹果',15)
banana = Goods('香蕉',10)
print(f'{apple.name}的原价是{apple.price}元')
print(f'{banana.name}的原价是{banana.price}元')
Goods.change_discount(0.8)
print(f'{apple.name}打 8 折的价格是{apple.finally_price()}元')
print(f'{banana.name}打 8 折的价格是{banana.finally_price()}元')
Goods.change_discount(0.5)
print(f'{apple.name}打 5 折的价格是{apple.finally_price()}元')
print(f'{banana.name}打 5 折的价格是{banana.finally_price()}元')
```

运行结果如下。

```
苹果的原价是 15 元
香蕉的原价是 10 元
苹果打 8 折的价格是 12.0 元
香蕉打 8 折的价格是 8.0 元
苹果打 5 折的价格是 7.5 元
香蕉打 5 折的价格是 5.0 元
```

上述程序中定义了一个 Goods 类，含有一个私有的类属性__discount，然后利用类方法 change_discount()对类属性进行操作。

7.4.3 静态方法

静态方法一般用于与类对象及实例对象无关的代码，作用与普通函数一样，定义形式如下。

```
@staticmethod
def 静态方法名([形参列表])
    函数体
```

静态方法定义之前要添加@staticmethod，不需要表示访问对象的 self 参数。静态方法只能访问属于类的成员，不能访问属于对象的成员。一个类的所有实例对象共享静态方法。使用静态方法时，既可以通过“对象名.静态方法名”来访问，也可以通过“类名.静态方法名”来访问。下面是静态方法示例。

```
class Person:
    number = 0
    def __init__(self,name):
        self.name = name
        Person.number += 1

    def get_name(self):
        print(f'姓名:{self.name}')

    @staticmethod
    def get_number():
        print(f'总人数:{Person.number}')

p1 = Person('李源')
p1.get_name()
p1.get_number()
Person.get_number()
p2 = Person('梅星越')
p2.get_name()
p2.get_number()
Person.get_number()
```

运行结果如下。

```
姓名:李源
总人数:1
总人数:1
姓名:梅星越
总人数:2
总人数:2
```

面向对象的三大特性是封装、继承、多态。定义类时把属性与方法都写在类中，这就是封装的具体体现。下面重点介绍另外两个特性。

7.5 继承

采用面向对象技术编程的一个主要优点就是代码的重用性。类的重用是面向对象的核心内容之一，该技术通过创建新类来重复已有的代码，而不必从头开始编写，从而降低工作量并减少错误的可能性。

类的设计中主要有两种重用方法：类的继承与类的组合。类的继承是指在现有类的基础上创建新类，在新类中添加代码，以扩展原有类的属性和方法。类的组合是指在新创建的类中将包含有已有类的对象作为其属性。

1. 继承的语法

继承是在一个被作为父类(基类)的基础上扩展新的属性和方法来实现的。父类定义了公共的属性和方法，继承父类的子类自动具备父类中的非私有属性和非私有方法，不需要重新定义父类中的非私有内容，并且可以增加新的属性和方法。

在继承关系中，被继承的类称为父类或基类，继承的类称为子类或派生类。定义子类的形式如下。

```
class 子类名(父类 1[,父类 2,...]):
    类体
```

在子类名的后面有一对括号，里面是父类的名字，父类可以只有一个，也可以有多个，有多个父类的情况称为多重继承。

下面是类的继承示例。

```
class Person(object):  # 定义一个父类
    def __init__(self,name):
        self.name = name
    def talk(self):  # 父类中的方法
        print(f'{self.name}正在说话')

class Student(Person):  # 定义一个子类， 继承 Person 类
    def study(self):  # 在子类中定义其自身的方法
        print(f'{self.name}正在学习')

s = Student('李源')
s.talk()  # 调用继承的 Person 类的方法
s.study()  # 调用本身的方法
```

运行结果如下。

```
李源正在说话
李源正在学习
```

上述代码中定义了一个 Person 类，其中包括构造方法及 talk()方法，然后定义了一个 Student 类，除了继承 Person 类中的所有方法之外，还具有自己的方法 study()。

2. 子类继承父类的属性和方法

子类继承父类中的非私有属性和非私有方法，但不能继承父类的私有属性和私有方法，也无法在子类中访问父类的私有属性。子类只能通过父类中的公有方法访问父类中的私有属性。

下面是私有属性的继承与非私有属性的访问示例。

```
class Person(object):
    def __init__(self,name,weight):
        self.name = name
        self.age = 20
        self.__weight = weight

    def talk(self):
        print(f'{self.name}正在说话')

    def get_weight(self):
        return self.__weight

class Student(Person):
    def __init__(self,name,weight,score):
        super(Student,self).__init__(name,weight)
        self.score = score

    def study(self):
        print(f'{self.name}正在认真学习')

    def get_score(self):
        print(f'{self.name}的成绩是{self.score}')

s1 = Student('李源',60,90)
print(f'姓名:{s1.name}')
print(f'年龄:{s1.age}')
print(f'体重:{s1.get_weight()}')
s1.talk()
s1.study()
s1.get_score()
```

运行结果如下。

```
姓名:李源
年龄:20
体重:60
李源正在说话
李源正在认真学习
李源的成绩是 90
```

如果父类和子类中同时定义了相同的属性和方法，则父类中的属性和方法在子类中将被覆盖。例如：

```
class Person(object):
    def __init__(self,name,weight):
        self.name = name
        self.age = 20
```

```
            self.__weight = weight

        def talk(self):
            print(f'{self.name}正在说话')

        def get_weight(self):
            return self.__weight

class Student(Person):
        def __init__(self,name,weight,score):
            super(Student,self).__init__(name,weight)
            self.age = 18
            self.score = score

        def talk(self):
            print(f'{self.name}正在读英语')

        def study(self):
            print(f'{self.name}正在认真学习')

        def get_score(self):
            print(f'{self.name}的成绩是{self.score}')

s1 = Student('梅星越',60,90)
print(f'姓名:{s1.name}')
print(f'年龄:{s1.age}')
print(f'体重:{s1.get_weight()}')
s1.talk()
s1.study()
s1.get_score()
```

程序中父类 Person 中定义的属性 age 被子类 Student 中定义的 age 属性覆盖了，同时子类中的 talk()方法也覆盖了父类中的 talk()方法。从运行结果可以看出，调用子类对象的同名方法时，执行的是子类中的方法，而不是父类中的同名方法。如果需要在子类中调用父类中的同名方法，可以采用如下格式。

```
super(子类类名,self).方法名(参数)
父类名.方法名(self,参数)
```

上面的例子中，在执行__init__()方法时调用了父类的初始化方法。

3. 子类中调用父类构造方法

Python 面向对象的继承关系中，子类对父类的构造方法的调用有以下两种方法。

```
父类名.__init__(self,参数)      #注意名字是父类
super(子类名，self)__init__(其他参数)
```

例如：

```
class Cat:
    def __init__(self,name):
        self.name = name
        print('父类的构造方法被调用…')
class AutoCat(Cat):
    def __init__(self,name,age):
        #Cat.__init__(self,name)                  # 方式一
        super(AutoCat,self).__init__(name)        # 方式二
        self.age = age
        print('子类的构造方法被调用…')
    def age(self):
        return self.age
autoCat = AutoCat('tom',20)
print(autoCat)
print(autoCat.age)
```

如果子类和父类都有构造函数，则子类其实是重写了父类的构造函数，如果不显式调用父类构造函数，则父类构造函数就不会被执行，导致子类实例访问父类初始化方法中的初始变量出现问题。

例如：

```
class A:
    def __init__(self):
        self.namea="aaa"
    def funca(self):
        print("function a : %s"%self.namea)

class B(A):
    def __init__(self):
        self.nameb="bbb"
    def funcb(self):
        print("function b : %s"%self.nameb)

b=B()
print(b.nameb)
b.funcb()
b.funca()
```

运行结果如下。

```
bbb
function b : bbb
Traceback (most recent call last):
  File "D:\workbench\python\MyPythonProject\test\study\overwrite_method.py", line 19, in <module>
```

```
    print b.funca()
  File "D:\workbench\python\MyPythonProject\test\study\overwrite_method.py", line 6, in funca
    print "function a : %s"%self.namea
AttributeError: B instance has no attribute 'namea'
```

下面来比较这两种方法的不同之处。

方式一：调用未绑定的超类构造方法

修改代码，多增一行，如下。

```
class A:
    def __init__(self):
        self.namea="aaa"
    def funca(self):
        print("function a : %s"%self.namea)
class B(A):
    def __init__(self):
        # 这一行解决了问题
        A.__init__(self)
        self.nameb="bbb"
    def funcb(self):
        print("function b : %s"%self.nameb)

b=B()
print(b.nameb)
b.funcb()
b.funca()
```

上述代码中有注释的一行解决了该问题，直接使用父类名称调用其构造函数即可。这种方法叫作调用父类的未绑定的构造方法。在调用一个实例的方法时，该方法的 self 参数会被自动绑定到实例上(称为绑定方法)。但如果直接调用类的方法(如 A.__init)，那么就没有实例会被绑定，这样就可以自由地提供需要的 self 参数，这种方法称为未绑定 unbound()方法。

通过将当前实例作为 self 参数提供给未绑定方法，B 类就能使用其父类构造方法的所有实现，从而设置 namea 变量。

方式二：使用 super()函数

修改代码，这次需要在原来代码上增加 2 行，如下。

```
# 父类需要继承 object 对象
class A(object):
    def __init__(self):
        self.namea="aaa"
    def funca(self):
        print("function a : %s"%self.namea)
```

```
class B(A):
        def __init__(self):
            # 这一行解决问题
            super(B,self).__init__()
            self.nameb="bbb"
        def funcb(self):
            print("function b : %s"%self.nameb)
b=B()
print(b.nameb)
b.funcb()
b.funca()
```

上述代码中有注释的为新增的代码，其中第一句让类 A 继承自 object 类，这样才能使用 super()函数，这是 Python 的“新式类”支持的特性。当前的类和对象可以作为 super()函数的参数使用，调用函数返回的对象的任何方法都是调用超类的方法，而不是当前类的方法。

super()函数会返回一个 super 对象，该对象负责进行方法解析，解析过程中会自动查找所有的父类及父类的父类。

综上，方式一更直观，方式二可以一次初始化所有超类，super()函数比在超类中直接调用未绑定的方法更直观，其最大的优点是，如果子类继承了多个父类，则它只需要使用一次 super()函数即可。然而如果没有这个需求，直接使用 A.__init__(self)会更直观一些。

4. 多重继承

Python 的类可以继承多个父类，在类名后的括号中设置，多个父类之间用逗号分隔即可。如果不同的父类中存在同名的方法，则子类对象在调用方法时，会调用哪一个父类中的方法呢？例如：

```
class Base(object):
    def play(self):
        print('Base is playing!')
class A(Base):  # 继承 Base
    def play(self):  # 自动覆盖父类的此方法
        print('A is playing')
class B(Base):  # 继承 Base
    def play(self):
        print('B is playing')
class C(A, B):  # 继承 A,B
    pass
c = C()
c.play()
print(C.__mro__)
```

运行结果如下。

```
A is playing
(<class '__main__.C'>, <class '__main__.A'>, <class '__main__.B'>, <class '__main__.Base'>, <class 'object'>)
```

Python 中针对类提供了一个内置属性__mro__以查看方法搜索顺序，从程序的运行结果可以看出，在搜索方法时是按照__mro__的输出结果从左至右顺序查找的。对照类圆括号中继承父类的顺序可以得到，若父类中有相同的方法名，而在子类使用时未指定，Python 从左至右搜索即方法在子类中未找到时，从左到右查找父类中是否包含方法。

5. 类的组合

类的组合是类的另一种重用。如果程序中的类需要使用其他类的对象，则可以使用类的组合方式。在 Python 中，一个类可以包含其他类的对象作为属性，这就是类的组合。例如：

```
class Course:
    def __init__(self,name,price,period,teacher):
        self.name=name
        self.price=price
        self.period=period
        self.teacher=teacher
class Teacher:
    def __init__(self,name,sex):
        self.name=name
        self.sex=sex
class Student:
    def __init__(self,name,age,course):
        self.name=name
        self.age=age
        self.course=course
t1=Teacher('Bob',38)
t2=Teacher('Jack',45)
t3=Teacher('Jane',45)
c1=Course('Python',6000,'3 months',t2)    # 将 teacher 作为参数传递给课程实例
c2=Course('Linux',7000,'5 months',t1)
c3=Course('MySQL',6500,'5 months',t3)
d={'1':c1,'2':c2,'3':c3}
name='李源'
age=20
while True:
    choice=input('please choice course:')
    if choice in d.keys():
        s1=Student(name,age,d[choice])    # 将课程实例作为参数传递给学生实例
        print(f'{s1.name} choose course is {s1.course.name},
```

```
{s1.course.teacher.name} is the teacher.')
            print(f'The course lasts {s1.course.period},costs {s1.course.price}.')
        elif int(choice)==0:
            exit(0)
        else:
            print('please input correct choice')
```

运行结果如下。

```
please choice course:1
李源  choose course is Python,Jack is the teacher.
The course lasts 3 months,costs 6000.
```

7.6 多态

多态是指父类的同一个方法在不同子类对象中具有不同的表现和行为。子类继承了父类的行为和属性后，还会增加某些特定的行为和属性，同时还可能会对继承来的某些行为进行一定的改变，这都是多态的表现形式。通过第 2 章的学习大家已经知道，Python 中的大多数运算符可以作用于多种不同类型的操作数，并且对不同类型的操作数往往有不同的表现，这本身就是多态。下面的代码演示了通过在子类中重写父类方法实现多态。

```
class Animal(object):
    def show(self):
        print('I am an animal.')

class Cat(Animal):
    def show(self):
        print('I am a cat.')

class Dog(Animal):
    def show(self):
        print('I am a dog.')

class Tiger(Animal):
    def show(self):
        print('I am a tiger.')

class Test(Animal):
    pass

x = [item() for item in (Animal,Cat,Dog,Tiger,Test)]
for item in x:
    item.show()
```

运行结果如下。

```
I am an animal.
I am a cat.
I am a dog.
I am a tiger.
I am an animal.
```

以上几个类中，都有相同的方法 show()，它们的内容不一样，在调用 show()方法时，代码不同，产生的结果也不同，这就是多态的一种体现。

7.7 运算符重载*

运算符重载，是指同一个运算符在不同场景下有不同的处理方式。例如“+”，在算术运算中代表做加法，在字符串或列表等运算中代表连接。

Python 把运算符与类的方法关联起来，每个运算符对应一个特殊方法，常见的运算符与对应的特殊方法如表 7-1 所示。

表 7-1 常见的运算符与对应的特殊方法

运算符	特殊方法	含义
+	__add__	加法
-	__sub__	减法
*	__mul__	乘法
/	__div__	除法
<	__lt__	小于
==	__eq__	等于
长度	__len__	对象长度
输出	__str__	输出对象时调用
或	__or__	或运算

重写运算符对应的特殊方法，就可以实现运算符的重载。下面代码实现重载运算符+。

```
class Number(object):
    def __init__(self, num):
        self.num = num
    #运算符重载
    def __add__(self, other):
        return Number(self.num + other.num)
    def __str__(self):
```

```
        return "num = " + str(self.num)
per1 = Number(15)
per2 = Number(20)
print(per1 + per2)
```

运行结果如下。

```
num = 35
```

7.8 应用举例

例 1：定义一个计算机类，属性有品牌、颜色、内存大小，方法有打游戏、写代码、看视频。代码如下。

```
class Computer:
    """计算机类"""
    def __init__(self, brand, color, memory=8):
        self.brand = brand
        self.color = color
        self.memory = memory

    def play_game(self):
        print('正在打游戏…')

    def code(self):
        print(self.brand)
        print('正在编程序…')

    def watch_tv(self):
        print('正在看视频…')

c1 = Computer('Huawei','银色')
```

例 2：定义一个立方体类 Box，包括长、宽、高 3 个属性，并分别计算及输出立方体的体积和表面积。代码如下。

```
class Box():
    def __init__(self,length,width,high):
        self.length = length
        self.width = width
        self.high = high

    def volume(self):
        print(self.length*self.width*self.high)
```

```
        def superficial(self):
                print(2*(self.length*self.width+self.length
*self.high+self.width*self.high))

b1 = Box(1,1,1)
b1.volume()
b1.superficial()
```

运行结果如下。

```
1
6
```

例 3：定义一个狗的类，属性有名字、颜色、年龄，方法有叫唤；定义一个人的类，属性有名字、年龄、狗，方法有遛狗。创建人的对象为马鑫，让他拥有一条狗，名字叫小黑，然后让马鑫去遛小黑。代码如下。

```
class Dog:
    def __init__(self, name, age, color):
        self.name = name
        self.age = age
        self.color = color

    def bark(self):
        return (f'{self.name}见到陌生人汪汪叫！')

class Person:
    def __init__(self, name, age, dog=None):
        self.name = name
        self.age = age
        self.dog = dog

    def walk_the_dog(self):
        if self.dog:
            print(f'{self.name}牵着{self.dog.name}散步，
{self.dog.bark()}。')
        else:
            print(f'{self.name}现在没有狗！')

dog=Dog('小黑', 2, '黄色')
p1 = Person('马鑫',21,dog )
p1.walk_the_dog()
p2 = Person('李源',20)
p2.walk_the_dog()
```

运行结果如下。

```
马鑫牵着小黑散步，小黑见到陌生人汪汪叫！
李源现在没有狗！
```

例 4：定义一个 Hero 类，属性有体力值 power，英雄名 name，体力值默认为 100。方法有：行走的方法 go()，如果体力值为 0，则输出不能行走，此英雄已死亡的信息；吃的方法 eat(int n)，参数是补充的血量，将 n 的值加到属性 power 中，power 的值最大为 100；hurt() 方法，每受到一次伤害，体力值-10，体力值最小不能小于 0。代码如下。

```
class Hero():
    def __init__(self,name):
        self.name = name
        self.__power = 100
    def go(self):
         if self.__power<=0:
            print('不能行走，此英雄已死亡')
        else:
            print('英雄前进')
    def eat(self,n):
        self.__power += n
        if self.__power>=100:
            print('吃饱了！ ')
            self.__power = 100
        print(f'{self.name}当前体力值:{self.__power}')
         def hurt(self):
        self.__power -= 10
        print(f'{self.name}当前体力值:{self.__power}')
        if self.__power<=0:
            self.__power = 0
            print("此英雄死亡")
h = Hero("探险家")
h.go()
for i in range(10):
    h.hurt()
h.eat(120)
```

运行结果如下。

```
英雄前进
探险家当前体力值:90
探险家当前体力值:80
探险家当前体力值:70
探险家当前体力值:60
探险家当前体力值:50
探险家当前体力值:40
```

```
探险家当前体力值:30
探险家当前体力值:20
探险家当前体力值:10
探险家当前体力值:0
此英雄死亡
吃饱了!
探险家当前体力值:100
```

例 5：写一个扑克类，模拟斗地主发牌和洗牌的功能。代码如下。

```
import random
class Poker:
    def __init__(self, color: str, num: str):
        self.color = color
        self._num = num

    def __repr__(self):
        return f'{self.color}{self._num}'

    @property
   def num(self):
        sp = ['J', 'Q', 'K', 'A', '2', 'joker', 'JOKER']
        if self._num in sp:
            return 11+sp.index(self._num)
        else:
            return int(self._num)

class PokerGame:
    def __init__(self):
        # 创建一副牌所有的扑克对象
        self.pokers = []
        colors = ['♥', '♦', '♠', '♣']
        nums = ['A', '2', '3', '4', '5', '6', '7', '8', '9', '10', 'J', 'Q', 'K']
        for color in colors:
            for num in nums:
                p = Poker(color, num)
                self.pokers.append(p)
        self.pokers.append(Poker('', 'JOKER'))
        self.pokers.append(Poker('', 'joker'))

         def shuffle(self):
        """洗牌"""
        random.shuffle(self.pokers)
        # print(self.pokers)

         @staticmethod
   def func1(item):
```

```
            return item.num

        def deal(self):
            """发牌"""
            pokers_iter = iter(self.pokers)
            player1, player2, player3 = [], [], []
            for _ in range(17):
                player1.append(next(pokers_iter))
                player2.append(next(pokers_iter))
                player3.append(next(pokers_iter))
            return sorted(player1,key=PokerGame.func1,reverse=True),
                        sorted(player2, key=PokerGame.func1, reverse=True),
sorted(player3, key=PokerGame.func1, reverse=True),
list(pokers_iter)

 p1 = PokerGame()
p1.shuffle()
print(p1.deal())
```

运行结果如下。

```
([JOKER, ♣2, ♠2, ♥A, ♠A, ♠Q, ♥J, ♥10, ♦10, ♥9, ♠8, ♦8, ♠7, ♦6, ♠5, ♠4, ♦4], [joker, ♦A, ♣A,
♥K, ♥Q, ♦Q, ♦J, ♠J, ♣J, ♦9, ♣8, ♥8, ♠6, ♥5, ♥4, ♣4, ♥3], [♦2, ♥2, ♦K, ♣Q, ♠10, ♣10, ♠9, ♥7, ♣7, ♦7, ♥6, ♣6, ♦5,
♣5, ♦3, ♣3, ♠3], [♣K, ♣9, ♠K])
```

7.9 本章小结

本章首先介绍了面向对象程序设计的基本概念和方法，了解了类和对象的概念，以及面向对象的封装、继承和多态三大特性。其次讲述了属性和方法，其中，属性分为实例属性和类属性，以及属性的访问方式；方法分为实例方法、静态方法和类方法。最后结合实例讲述了继承和多态的使用。

7.10 习题

1. 填空题

(1) Python 中使用________关键字来声明一个类。

(2) 类的所有实例方法都必须有一个名为________的参数。

(3) Python 可以通过在类成员名称前添加________的方式将公有成员改为私有成员。

(4) 子类中使用________函数可以调用父类的方法。

(5) 面向对象程序设计有________、________、________3 个特征。

(6) 在 Python 中，不论类的名字是什么，构造方法的名字都是________。

(7) Python 类属性包括________属性和________属性。

(8) 被继承的类称为________，继承其他类的类称为________。

2. 选择题

(1) 对象构造方法的作用是(　　)。

A. 一般成员方法　　B. 类的初始化

C. 对象的初始化　　D. 对象的建立

(2) 以下有关类的说法不正确的是(　　)。

A. 对象是类的一个实例

B. 任何对象都只能属于一个具体的类

C. 一个类只能有一个对象

D. 类与对象的关系和数据类型与变量的关系类似

(3) 面向对象方法中，继承是指(　　)。

A. 类之间共享属性和操作的机制

B. 各对象之间的共同性质

C. 一组对象所具有的相似性质

D. 一个对象具有另一个对象的性质

(4) 以下关于 C 类继承 A 和 B 类的正确语句是(　　)。

A. class C:A,B　　B. class C:A B

C. class C(A,B):　　D. def class C(A,B):

(5) 当对象作为 print()函数的参数时，该对象会调用重载的(　　)方法。

A. __del__()　　B. __init__()

C. __getitem__()　　D. __str__()

(6) 下列方法中，只能由对象调用的是(　　)。

A. 类方法　　B. 实例方法　　C. 静态方法　　D. 析构方法

3. 简答题

(1) 简述实例方法、类方法、静态方法的区别。

(2) 简述构造方法和析构方法的特点。

4. 编程题

(1) 编写程序，定义动物 animal 类，由其派生出猫类(cat)和狮子类(lion)，两者都包含

sound()实例方法，要求根据派生类对象的不同调用各自的 sound()方法。

(2) 定义一个 circle(圆)类，该类包含属性 radius(半径)，还包括__init__()、get_perimeter()(求周长)和 get_area(求面积)3 个方法。

(3) 定义一个 course(课程)类，该类中包括 number(编号)、name(名称)、teacher(任课教师)、location(上课地点)4 个属性，其中 location 是私有属性，还包括__init__()和 show_info()(显示课程信息)两个方法。

第8章 文　件

文件是以计算机辅助存储介质为载体，存储在计算机中的数据的集合，如文本文档、图片、程序、音频和视频等都是文件。文件可长久保存信息并允许重复使用和反复修改，同时也是信息交换的重要方式。在前面章节中讲述的变量、列表、元组和字典等对象中存储的数据都是暂时的，程序结束后数据就会丢失，因此，为了能够长时间地保存程序中的数据，需要将程序中的数据保存到磁盘文件中。本章将详细介绍在 Python 中如何进行文件和目录的相关操作，文件操作包含打开、关闭、读、写、复制等，其作用是读取内容、写入内容、备份内容。Python 提供了内置的文件对象和对文件及目录进行操作的内置模块，通过这些技术可以很方便地将数据保存到文件中，以达到长时间保存数据的目的。

8.1 文件概述

按照文件的编码方式，可将文件分为两种类型：文本文件和二进制文件。

1. 文本文件

文本文件是指以 ASCII 码方式(也称文本方式)存储的文件，更确切地说，英文、数字等字符存储的是 ASCII 码，而汉字存储的是机内码。文本文件中除存储文件有效字符信息(包括能用 ASCII 码字符表示的回车、换行等信息)外，不能存储其他任何信息。实际上文本文件在磁盘上也是以二进制形式存储的，只是在读取和查看时使用了正确的编码方式进行解码还原为字符串信息，所以可以直接阅读和理解。文本文件是一种由很多行字符构成的计算机文件，因此，其存在于计算机系统中，通常在文本文件最后一行放置文件结束标志。

2. 二进制文件

广义的二进制文件即指由文件在外部设备的存放形式为二进制而得名。狭义的二进制文件即除文本文件以外的文件。文本文件的编码基于字符定长，译码相对要容易一些；二进制文件编码是变长的，灵活利用率高，而译码要难一些，不同的二进制文件译码方式是不同的。

一个文件需要有唯一确定的文件标识，以便用户根据标识找到唯一确定的文件，方便用户对文件的识别和引用。文件标识包含文件路径和文件名，如 D:\pythonProject\proc_1.py 或 D:/pythonProject/proc_1.py。访问文件需要知道文件所在的目录路径，有两种方法指定一个文件路径：绝对路径和相对路径，从根目录开始标识文件所在完整路径的方式称为绝对路径；而相对于程序所在的目录位置建立其引用文件所在的路径方式称为相对路径。例如，假设文件 test.txt 存放在 D 盘 Python 目录下，那么其绝对路径为 D:\Python\test.txt 或 D:/Python/test.txt；其相对路径标识为.\test.txt，这里的特殊符号“.\”代表当前目录，还有一个特殊符号“..\”代表上一层目录。在 Python 语言中表示路径的符号“/”等同于“\”，但是由于“\”经常与其他字符一起构成转义字符，如“\n”“\t”等都具有特殊的意义，所以在使用文件时，表示文件名尽可能使用“/”作为分隔符，或者使用双反斜杠“\\”，如 D:\Python\test.txt 应表示成 D:\\Python\\test.txt，以防“\t”出现转义。

8.2 文件的基本操作

程序中对文件的操作一般包括打开文件、读取文件、对文件数据进行处理、写入文件和关闭文件等。

8.2.1 文件的打开与关闭

1. 打开文件

Python 内置函数 open()用来指定模式打开文件并创建文件对象，其语法如下。

```
f = open(file, mode='r', buffering=None, encoding=None, errors=None, newline=None, closefd=True)
```

参数说明如下。

- f：创建的文件对象。
- file：要创建或打开文件的文件名称，需要使用单引号或双引号括起来。如果要打开的文件和当前文件在同一个目录下，则直接写文件名即可，否则需要指定完整路径。

- mode：可选参数，用于指定文件的打开模式。默认打开模式为只读模式 r。
- buffering：可选参数，用于指定读写文件的缓冲模式，值为 0 表示不缓存，值为 1 表示缓存，如果大于 1，则表示缓冲区的大小。默认为缓存模式。
- encoding：可选参数，打开文件时指定编码方式。在使用 open()函数打开文件时，默认采用 GBK 编码，当被打开的文件不是 GBK 编码时，将抛出异常。

文件打开模式如表 8-1 所示。

表 8-1　文件打开模式

模式	描述
r	以只读方式打开文件。文件的指针将会放在文件的开头。这是默认模式
rb	以二进制格式打开一个文件用于只读。文件指针将会放在文件的开头。这是默认模式，一般用于非文本文件，如图片等
r+	打开一个文件用于读写。文件指针将会放在文件的开头
rb+	以二进制格式打开一个文件用于读写。文件指针将会放在文件的开头。一般用于非文本文件，如图片等
w	打开一个文件只用于写入。如果该文件已存在则打开文件，并从开头开始编辑，即原有内容会被删除；如果该文件不存在，则创建新文件
wb	以二进制格式打开一个文件只用于写入。如果该文件已存在则打开文件，并从开头开始编辑，即原有内容会被删除；如果该文件不存在，则创建新文件。一般用于非文本文件，如图片等
w+	打开一个文件用于读写。如果该文件已存在则打开文件，并从开头开始编辑，即原有内容会被删除；如果该文件不存在，则创建新文件
wb+	以二进制格式打开一个文件用于读写。如果该文件已存在则打开文件，并从开头开始编辑，即原有内容会被删除；如果该文件不存在，则创建新文件。一般用于非文本文件，如图片等
a	打开一个文件用于追加。如果该文件已存在，则文件指针将会放在文件的结尾，也就是说，新的内容将会被写入已有内容之后；如果该文件不存在，则创建新文件进行写入
ab	以二进制格式打开一个文件用于追加。如果该文件已存在，则文件指针将会放在文件的结尾，也就是说，新的内容将会被写入已有内容之后，如果该文件不存在，则创建新文件进行写入
a+	打开一个文件用于读写。如果该文件已存在，则文件指针将会放在文件的结尾，文件打开时会是追加模式；如果该文件不存在，则创建新文件用于读写
ab+	以二进制格式打开一个文件用于追加。如果该文件已存在，则文件指针将会放在文件的结尾；如果该文件不存在，则创建新文件用于读写

如果执行正常，则 open()函数返回一个可迭代的文件对象，通过该文件对象可以对文

件进行读写操作。例如，以只读方式打开当前目录下的 test.txt 文件。代码如下。

```
f = open("test.txt","r")
```

当设置访问模式为 r 时，必须保证打开的文件存在，如果文件不存在，则会出现一个 No such file or directory: 'test.txt'的错误。例如，以写入的方式打开 D 盘的 data.txt 文件。代码如下。

```
f = open(r"d:\data.txt","w")
```

2. 关闭文件

打开文件后，需要及时关闭，以免对文件造成不必要的破坏。关闭文件可以使用文件对象的 close()方法实现。close()方法的语法格式如下。

```
f.close()
```

参数介绍如下。

- f：为打开的文件对象。

当写文件时，操作系统往往不会立刻把数据写入磁盘，而是放到内存中缓存起来，空闲时再慢慢写入。只有调用 close()方法时，操作系统才会把没有写入的数据全部写入磁盘。忘记调用 close()的后果是数据可能只写了一部分到磁盘，剩下的丢失了。如果在打开文件或文件操作过程中抛出了异常，则也会无法及时关闭文件。为了更好地避免此类问题，在 Python 中，对应的解决方式是使用 with 语句操作上下文管理器(context manager)，它能够帮助我们自动分配并且释放资源。该语句的基本语法格式如下。

```
with open(文件名, 访问模式) as 文件对象:
代码块
```

例如：

```
with open(r"d:\temp.txt","w") as f:
f.write("hello wrold!")
```

当 with 内部的语句执行完毕后，文件将自动关闭，而不需要显式调用 close()方法，这样可以简化代码。

8.2.2 文件的读取

读取文件的方法有多种，如 read()、readline()和 readlines()方法等，下面将一一介绍这些方法。

1. read()方法

读取文件最简单的方法是使用 read()，该方法有一个参数，格式如下。

```
f.read(size)   # f 为文件对象
```

参数介绍如下。

- f：要读取内容的文件对象。
- size：为数字(可选)，表示从已打开的文件中读取的字节数，默认情况下为读取全部文件内容。

read()方法的返回值是个一字符串，得到从文件的当前位置处读取到的内容。例如，使用 read()方法读取 test.txt 文件中的内容并输出，代码如下。

```
f = open("test.txt","r")
content = f.read()
print(content)
f.close()
```

使用 read()方法读取文件时一次性将文件内容读取出来，对于很大的文件，访问时将占用过多的内存。下面是用 read()方法一次读取 10 个字符的示例。

```
f = open("test.txt", "r")
while True:
    block = f.read(10)
    if not block:
        break
    print(block, end="")
f.close()
```

利用循环来反复读取 10 个字符，直到再也读不到内容后退出循环，文件中的字符数不一定是 10 的整数倍，因此最后一次读到的字符个数可能少于 10 个字符。

2. readline()方法

readline()方法可以一次读取文件中的一行内容，其语法格式如下。

```
f.readline()
```

参数介绍如下。

- f：要读取内容的文件对象。
- readline()：该方法从文件中读取一整行，包括换行符'\n'。readline()方法会记住上一个 readline()函数读取的位置，接着读取下一行。因此，读取一个文档的内容可以利用循环来实现，如果 f.readline()返回一个空的字符串，则表示已经到达了文件末尾。例如，使用 readline()方法读取 test.txt 文件中的内容并输出，代码如下。

```
f = open("test.txt","r")
while True:
    line = f.readline()
    if line:
        print(line.strip())
    else:
        break
f.close()
```

由于采用 readline()方法时，读取的内容包括每一行的换行符'\n'，因此在 print 输出时，line.strip()把每一行末尾的'\n'删掉，否则输出结果中每一行后面将产生一个空行。或者可以用 line.replace("\n","")将行尾的换行符替换掉。

3. readlines()方法

虽然 readlines()方法与 readline()方法形似，但功能却不一样，前面说过 readline()方法只读取一行，readlines()方法则是读取所有行，返回的是所有行组成的列表。具体格式如下。

```
f.readlines()
```

参数介绍如下。

- f：要读取内容的文件对象，返回值是一个列表，列表中一次存放文件中每一行的字符串。

下面是利用 readlines()方法读取 test.txt 文件中的内容并输出的示例。

```
f = open("test.txt","r")
lines = f.readlines()
print(lines)
f.close()
```

输出结果如下。

```
['hello world!\n', 'hello python!\n', 'Life is short,you need Python.']
```

本例输出的是一个列表，如果需要按照文档内容输出，则可以利用循环遍历列表，程序如下。

```
f = open(r"d:\test.txt","r")
lines = f.readlines()
for line in lines:
    print(line.strip())
f.close()
```

从上面的示例可以得出，read()、readline()和 readlines()三者间的区别如下。

(1) read()方法：如 read(size)，从文件当前位置起读取 size 个字节，若无参数 size，则表示读取至文件结束为止。该方法返回一个字符串对象，即全部取出，放到字符串中。

(2) readline()方法：该方法每次读出一行内容，因此，读取时占用内存小，比较适合大文件。该方法返回一个字符串对象。

(3) readlines()方法：读取整个文件所有行，保存在一个列表(list)变量中，每行作为一个元素，但读取大文件会比较占内存。

除了前面3种方法以外，也可以直接遍历文件对象，因为在python中文件对象也是一种可迭代对象，所以可以利用for循环进行遍历。例如：

```
f = open("test.txt","r")
for line in f:
    print(line.strip())
f.close()
```

8.2.3 文件的写入

首先读取文件时应该按照'w'或'a'模式打开，文件的写入采用文件对象的write()和writelines()两个方法来进行。

1. write()方法

write()方法向文件中写入内容，其格式如下。

```
f.write(string)
```

参数介绍如下。

- f：要写入内容的文件对象。

将字符串string的内容写到对应的文件中，并返回写入的字符数，但write语句不会自动换行，如果需要换行，则要使用换行符'\n'。在文件关闭前或缓冲区刷新前，字符串内容暂存在缓冲区。例如，在当前目录下创建一个文本文件temp.txt，并将一个字符串写入文件中。程序如下。

```
f = open("temp.txt","w")
f.write("hello world!")
f.close()
```

打开文件之后，我们可以反复调用write()方法来写入文件，如下。

```
f = open("temp.txt","w")
f.write("hello world!\n")
f.write("hello python!\n")
f.close()
```

将一个多行字符串写入temp.txt文件中的程序如下。

```
data = """hello world!
hello python!
hello everyone.
"""
f = open("temp.txt","w")
f.write(data)
f.close()
```

当打开文件写入模式为 w 时，如果文件存在，则需先清空原有文件的内容，重新写入新的内容，但有时我们需要对原文件内容进行增加，而不是重新写入新内容，此时我们就可以在打开文件时，采用模式 a 的方式，对原文件进行追加，如记录日志文件时就需要采用这种方式。示例如下。

```
f = open("temp.txt", "a")
data = input("请输入要追加的内容:")
f.write(data)
f.close()
```

2. writelines()方法

该方法可以向文件写入字符串序列，具体格式如下。

```
f.writelines(Z 字符串序列)
```

参数介绍如下。

- f：要写入内容的文件对象，参数是一个由字符串构成的序列，包括列表、元组、集合、字典等。

该方法是将序列的每一个元素作为单独的一行写入文件，没有返回值。下面是使用 writelines()方法将一个列表写入 test.txt 文件中，程序如下。

```
list1 = ["Beautiful is better than ugly.\n", "Explicit is better than
implicit.\n", "Simple is better than complex.\n"]
f = open("test.txt", "w")
f.writelines(list1)
f.close()
```

8.2.4 文件的其他操作

使用 open()函数打开文件并读取文件中的内容时，总是会从文件的第一个字符(字节)开始读起。那么，有没有办法可以指定读取的起始位置呢？答案是肯定的，这就需要移动文件指针的位置。

文件指针用于标明文件读写的起始位置。假如把文件看成一个水流，文件中每个数据(以 b 模式打开，每个数据就是一个字节；以普通模式打开，每个数据就是一个字符)就相当于一个水滴，而文件指针就标明了文件将要从文件的哪个位置开始读起。

为了实现对文件指针的移动，文件对象提供了 tell()函数和 seek()函数。tell()函数用于判断文件指针当前所处的位置，而 seek()函数用于移动文件指针到文件的指定位置。

1. tell()函数

tell()函数的用法很简单，其基本语法格式如下。

```
f.tell()
```

参数介绍如下。

- f：表示文件对象。

下面是测试文件指针的示例。

```
f = open("test.txt", "r")
print(f.tell())
print(f.read(5))
print(f.tell())
```

运行结果如下。

```
0
hello
  5
```

从上述过程中可以看到，当使用open()函数打开文件时，文件指针的起始位置为 0，表示位于文件的开头处，当使用 read()函数从文件中读取 5 个字符后，文件指针同时向后移动了 5 个字符的位置。这就表明，当程序使用文件对象读写数据时，文件指针会自动向后移动，读写了多少个数据，文件指针就自动向后移动多少个位置。

2. seek()函数

seek()函数用于将文件指针移动至指定位置，该函数的语法格式如下。

```
f.seek(offset[,whence])
```

参数说明如下。

- f：表示文件对象。
- offset：表示相对于 whence 位置文件指针的偏移量，正数表示向后偏移，负数表示向前偏移。当 offset 值为负数时，open()函数只能以二进制模式打开文件。
- whence：作为可选参数，用于指定文件指针要放置的位置，该参数有 0(代表文件头，默认值)、1(代表当前位置)、2(代表文件尾)3 个参数。当 whence 值为 1 或 2 时，open()函数只能以二进制模式打开文件。

下面是 seek()方法的使用示例。

```
f = open("test.txt","w+")
f.write("Beautiful is better than ugly.\nExplicit is better than
  implicit.")
f.seek(0)   # 跳到文件的开头读取 10 个字符
data = f.read(10)
print(data)
f.close()
```

8.3 CSV 文件*

CSV(comma separate values)是一种以逗号分隔数值的文件类型，该文件通常由处理大量数据的程序创建。CSV 是从电子表格和数据库导出数据及在其他程序中导入或使用数据的便捷方式。例如，我们可以将数据挖掘程序的结果导出到 CSV 文件，然后将其导入电子表格以分析数据，生成演示文稿或准备报告以供发布。CSV 文件也是一种纯文本文件，可以用记事本打开查看。CSV 文件中的每行代表电子表格中的一行，逗号分隔的是该行中的单元格。其内容形式如下。

```
学号,姓名,性别,年龄
200101,李源,男,19
200102,王涛,男,18
200103,邓雨薇,女,18
200104,梅星越,男,19
```

在 CSV 文件中，值没有类型，所有东西都是字符串，没有字体大小或颜色设置，或者多个工作表等。CSV 文件的优势是简单，可以使用普通文本文件的处理方式，因此，被许多种类的程序广泛支持。在 Python 中有专门对 CSV 文件进行读写的 CSV 模块。

8.3.1 读取 CSV 文件

若要从 CSV 文件中读取数据，需要创建一个 reader()对象，然后从 reader()对象中迭代遍历 CSV 文件中的每一行。创建 reader()对象的语法格式如下。

```
csv.reader(iterable, dialect='excel', *args, **kwargs)
```

参数介绍如下。

- iterable：是一个可迭代的文件对象。
- dialect：用于指定 CSV 方言参数。

实际使用中通常省略后面几个参数。下面是利用 csv.reader()对象读取文件的示例。

```
import csv
with open("student.csv", "r", encoding="utf-8") as f:
```

```
    reader = csv.reader(f)
    for row in reader:
        print(row)
```

运行结果如下。

```
['学号', '姓名', '性别', '年龄']
['200101', '李源', '男', '19']
['200102', '王涛', '男', '18']
['200103', '邓雨薇', '女', '18']
['200104', '梅星越', '男', '19']
```

可以看出，通过遍历 reader()对象，一次得到文件中的一行数据，每一个字段是一个字符串的形式，将一行数据作为一个列表。

8.3.2　写入 CSV 文件

利用 writer()对象可以将数据写入 CSV 文件中，首先要创建一个 writer()对象，语法格式如下。

```
csv.writer(fileobj, dialect='excel', *args, **kwargs)
```

该函数返回一个 writer()对象，其参数与 reader()对象中的含义相同。

在用 writer()对象写入数据时，可以使用 writerow()方法一次写入一行数据，也可以使用 writerows()方法一次写入多行数据。下面是按一次一行的方式写入 CSV 文件示例。

```
import csv
with open("student.csv", "w", encoding="utf-8", newline="") as f:
    writer = csv.writer(f)
    writer.writerow(["学号","姓名","性别","年龄"])
    writer.writerow(["200101","李源","男",19])
    writer.writerow(["200102","王涛","男",18])
    writer.writerow(["200103","邓雨薇","女",18])
    writer.writerow(["200104","梅星越","男",19])
```

在打开文件时会指定 newline=""，因为如果没有指定该参数，则在写入文件时，每一行数据后都会产生一个空行，导致以后读取数据时每次都有一个空列表出现。上面的示例是将每次要写入的数据放在一个单独的列表中，然后每次写入一个列表的数据，CSV 模块可以使用 writerows()方法将数据一次写入。例如：

```
import csv
data = [
    ["学号","姓名","性别","年龄"],
    ["200101","李源","男",19],
    ["200102","王涛","男",18],
```

```
    ["200103","邓雨薇","女",18],
    ["200104","梅星越","男",19]
]
with open("student.csv","w",encoding="utf-8",newline="") as f:
    writer = csv.writer((f))
    writer.writerows(data)
```

8.4 二进制文件的读写*

前面讲的默认文件都是读取文本文件，并且是UTF-8编码的文本文件，而若要读取二进制文件，则需要使用专门的软件才能打开和处理。不同的二进制文件有自己的组织结构，如图片、视频等。

Python中二进制文件是按照字节串来处理的。按照某种规则，把内存中的数据在不丢失其类型信息的情况下转成二进制形式的过程，就是序列化；反之，把文件中的字节序列拼装回原有数据，就是反序列化。Python中进行序列化和反序列化是通过一些标准模块和第三方模块中的函数进行的，很多模块都具有类似功能，如json、pickle、struct、marshal和shelve等都提供了不同的函数供用户使用，下面介绍其中几个最常用的模块。

8.4.1 json模块

json(JavaScript object notation)是一种轻量级的数据交换格式，它是JavaScript的子集，易于人阅读和编写，同时也易于机器解析和生成，是一种比较理想的编码和解码格式。本节主要介绍json文件及Python对json文件的读写操作。在使用之前需要先将其引入，方式如下。

```
import json
```

json模块中常用的4个方法是dump、dumps、load和loads。其中load和loads方法是将json字符串转换成Python对象，dump和dumps方法是将Python对象转换成json字符串。下面先来看一看将Python对象转换成json字符串的功能，将Python对象转换成字符串的基本函数是dumps()，该函数接收一个Python对象，输出一个json格式的字符串。例如，下面程序是将Python对象转换成json字符串。

```
import json
data = {'name': '李源', 'age': 19}
print(data)
print(type(data)) # <class 'dict'>
# 将Python对象编码成json字符串
data = json.dumps(data)
print(data)
```

```
print(type(data)) # <class 'str'>
```

除了 dumps()函数之外，还有一个类似的函数 dump()，该函数直接将输出写入文件中，其第二个参数是文件对象，并将输出内容写入该文件对象中。例如：

```
import json
data = {
    'name': '李源',
    'a': [1, 2, 3],
    'b': (1, 2, 3)
}
with open('json_test.txt', 'w') as f:
    json.dump(data, f)
```

下面介绍如何将 json 字符串转换成 Python 对象。与前面类似，json 模块也提供了两个函数，一个是以字符串为输入对象，一个是以文件对象为输入对象。

首先介绍以字符串为输入的函数 loads()，该函数接收的输入是字符串，输出是一个 Python 对象。例如：

```
import json
data = {'name':'李源','age':19}
a = json.dumps(data)
# 将 json 字符串编码成 Python 对象
print(json.loads(a))
```

以文件对象为输入的函数是 load()，该函数接收一个文件对象作为参数，返回一个字符串。例如：

```
import json
with open('json_test.txt', 'r') as f:
print(json.load(f))
```

8.4.2 pickle 模块

pickle 提供了一个简单的持久化功能，它是以二进制形式序列化后保存到文件中(保存文件的后缀为.pkl)的，不能直接打开进行预览。

1. 序列化

序列化的方法为 dump()方法，其语法格式如下。

```
pickle.dump(obj,file,protocol = None)
```

该方法实现的是将序列化后的对象 obj 以二进制形式写入文件 file 中，进行保存。参数 protocol 一共有 5 种不同的类型，即 0、1、2、3、4，其中，0 表示使用 ASCII 协议，1 使用旧版二进制协议，2 是 Python 2.3 使用的二进制协议，3 是 Python 3.0 使用的二进制协议，4 是 Python 3.4 使用的二进制协议。一般情况下可以选择使用默认值 0。

下面是使用 pickle 模块将数据保存到二进制文件中，代码如下。

```
import pickle
a = '不忘初心，牢记使命'
b = [1, 2, 3]
c = {"name": "李源", "age": 19}
with open("pickle_test.dat","wb") as f:
    pickle.dump(a, f)
    pickle.dump(b, f)
    pickle.dump(c, f)
```

2. 反序列化

若要读取二进制文件的内容，必须通过反序列化将字节串拼回原有的数据。pickle 模块中的反序列化通过 load()方法实现。其语法格式如下。

```
pickle.load(file)
```

该方法实现的是将序列化的对象从文件 file 中读取出来。参数 file 必须是以二进制形式进行操作(读取)。例如：

```
import pickle
with open("pickle_test.dat", "rb") as f:
    a = pickle.load(f)
    print(a)
    b = pickle.load(f)
    print(b)
    c = pickle.load(f)
    print(c)
```

运行结果如下。

```
不忘初心，牢记使命
[1, 2, 3]
{'name': '李源', 'age': 19}
```

8.5 文件夹和目录操作

计算机中一般会有成千上万的文件，为了便于管理这些文件，需要有目录系统对这些文件进行归类，目录又称为文件夹。Python 的 os 模块提供了访问多个操作系统的功能，它的子模块也提供了操作文件和目录及处理路径的方法，掌握 os 模块可以让 Python 代码做到与平台无关，增强了代码的可移植性。

8.5.1 os 模块

os 模块的常用方法及功能说明如表 8-2 所示。

表 8-2 os 模块的常用方法及功能说明

方法	功能说明
getcwd()	返回当前工作路径
listdir(path)	返回指定路径下的文件和目录信息
mkdir(path)	创建目录，要求上级目录必须存在
makedirs(path)	创建多级目录，会根据需要自动创建中间缺失的目录
rmdir(path)	删除一个目录，目录中不能有文件或子文件夹
removedirs(path)	删除多级目录，目录中不能有文件
chdir(path)	把 path 设置为工作目录
rename(src, dst)	重命名文件(src 需要重命名的路径及文件，dst 路径及新的文件名)
scandir(path='.')	返回包含指定文件夹中所有DirEntry对象的迭代对象，遍历文件夹时比 listdir()更加高效

下面通过几个示例来演示 os 模块的基本用法。

```
import os
s=os.getcwd() # 获得当前目录
print(s)
# D 盘创建 temp 目录，temp 下创建文件夹 test
os.makedirs("d:\\temp\\test")
os.chdir("d:\\temp\\test")                # 将当前目录改为目录 d:\temp\test 下
os.listdir("d:\\")                        # 将 D 盘下的所有文件以列表的形式展示出来
os.rmdir("d:\\temp\\test")                # 删除了 test 目录，目录必须为空
os.rmdir("d:\\temp")                      # 删除了 temp 目录
os.rename("d:\\test.txt",r"d:\\test1.txt")  # 重命名
```

下面代码使用了 os 模块的 scandir()输出当前文件夹中所有扩展名为 py 的文件。

```
import os
for i in os.scandir():
    if i.is_file and i.name.endswith('.py'):
        print(i.name)
```

scandir()具有以下属性和方法。

```
name: 文件名
path: 文件路径
is_dir(*, follow_symlinks=True): 是否是文件夹
is_file(*, follow_symlinks=True): 是否是文件
stat(*, follow_symlinks=True):文件的属性
```

8.5.2 os.path 模块

os.path 模块提供了大量用于路径判断、切分、连接及文件夹遍历的方法，如表 8-3 所示。

表 8-3 os.path 模块的方法及功能说明

方法	功能说明
os.path.exists(path)	用于判断目录或文件是否存在，如果存在则返回 True，否则返回 False
os.path.splitext()	分离文件名和扩展名
os.path.basename(path)	从目录中提取文件名
os.path.dirname(path)	获取一个文件的上级绝对路径
os.path.isdir(path)	判断 path 是否是文件夹
os.path.abspath(path)	获取文件或目录的绝对路径
os.path.isfile(path)	判断 path 是否是文件
os.path.join(path, *paths)	连接两个或多个 path

os.path 模块应用示例如下。

```
import os
print(os.path.exists(r"d:\test"))
print(os.path.splitext('test.txt')) # ('test', '.txt')
print(os.path.basename(r'd:\temp\test.txt'))
print(os.path.dirname(r'd:\temp\test.txt'))
```

如果需要遍历指定的目录下所有文件和子目录，则可以使用递归来实现。例如：

```
import os                                       # 引入 os 模块
def depth_first(file_path, depth):
    # 获取到路径下的所有文件
    lst = os.listdir(file_path)                 # 得到文件夹中的所有文件和文件夹
    for file in lst:                            # 遍历文件夹
        full_path = os.path.join(file_path, file)   # 获取到文件的全路径
        if os.path.isdir(full_path):            # 判断这个路径是否是一个文件夹
            print("\t" * depth, file)
            depth_first(full_path, depth + 1)
        else:
            print("\t" * depth, file)
```

```
        else:
            return
depth_first(r"e:\test", 0)
```

上面的代码使用深度优先的遍历方法，而下面的代码使用了广度优先遍历方法。

```
import os
import os.path
def width_first(file_path):
    # 使用列表模拟双端队列
    dirs = [file_path]
    while dirs:
        current = dirs.pop(0)
        for file in os.listdir(current):
            path = os.path.join(current,file)
            if os.path.isfile(path):
                print(path)
            elif os.path.isdir(path):
                print(path)
                dirs.append(path)
```

下面是使用 os 模块批量创建文件的示例。

```
import os        # 文件或目录模块
import time      # 导入时间模块
def ns_file(s):
        file_dir = r"d:\test_file"
# 判断文件夹是否存在，如果不存在则创建
        b = os.path.exists(file_dir)
        if b:
            print("该目录存在！")
else:
            os.mkdir(file_dir)  # 不存在就创建该目录
        # 生成文件
        for i in range(1, s + 1):
    # 获取当前系统时间
            local_time = time.strftime("%Y%m%d%H%M%S", time.localtime())
    # 以当前系统时间作为文件名称
            file_name = local_time + ".txt"
    file = os.path.join(file_dir, file_name)
    # a:以追加模式打开(必要时可以创建)append;b:表示二进制
            f = open(file, 'ab')
            # 文件内写入的信息
            data = '文件测试'
            # 写入文件信息
f.write(data.encode('utf-8'))
            f.close()
```

```
            # 输出第几个文件和对应的文件名称
            print("file" + " " + str(i) + ":" + file_name)
            time.sleep(1)        # 休眠一秒
        print('生成文件成功！')
if __name__ == '__main__':
    count = int(input("请输入需要生成的文件数："))      # 获取输入的文件个数
    ns_file(count)
```

8.5.3 shutil 模块

os 模块提供了对目录或文件的新建、删除、查看文件属性，还提供了对文件及目录的路径操作，如绝对路径、父目录等。但是，操作系统中文件的操作还应包含移动、复制、打包、压缩、解压等，而这些 os 模块都没有提供。

shutil 是对 os 中文件操作的补充，该模块提供了一些针对文件和目录的高级操作，主要是拷贝、移动。shutil 常用方法及功能说明如表 8-4 所示。

表 8-4 shutil 常用方法及功能说明

方法	功能说明
shutil.copy(src, dst)	复制文件，新文件具有同样的文件属性，如果目标文件已存在则抛出异常
shutil.copy2(src, dst)	复制文件，新文件具有与源文件完全一样的属性，包括创建时间、修改时间和最后访问时间等，如果目标文件已存在则抛出异常
shutil.copyfile(src, dst)	复制文件，不复制文件属性，如果目标文件已存在则直接覆盖
shutil.copyfileobj(fsrc, fdst)	在两个文件对象之间复制数据
shutil.copytree(src, dst)	递归复制文件夹
shutil.move(src, dst)	移动文件或递归移动文件夹，也可以给文件和文件夹重命名
shutil.make_archive(base_name,format,root_dir=None,base_dir=None)	创建 TAR 或 ZIP 格式的压缩文件
shutil.unpack_archive(filename,extract_dir=None,format=None)	文件解压缩

例如，使用 shutil.copyfile(src, dst)方法复制文件，程序如下。

```
import shutil
shutil.copyfile('d:\\test.txt','d:\\test1.txt')
```

下面的代码是使用 shutil.copytree()递归复制文件夹。

```
import shutil
shutil.copytree('c:\\test','d:\\test')
```

将 c:\test 文件夹中的所有文件压缩至 d:\test.zip 文件，程序如下。

```
import shutil
shutil.make_archive('d:\\test','zip','c:\\test')
```

8.6 应用举例

例 1：将古诗《黄鹤楼》的内容按行写入文件 poet.txt 中，编码格式为 utf8。代码如下。

```
import os
poet = ["黄鹤楼\n","【作者】崔颢 【朝代】唐\n",
      "昔人已乘黄鹤去，此地空余黄鹤楼。\n",
      "黄鹤一去不复返，白云千载空悠悠。\n",
      "晴川历历汉阳树，芳草萋萋鹦鹉洲。\n",
      "日暮乡关何处是？烟波江上使人愁。\n"]
path = "d:\\test"
if not os.path.exists(path):
      print("文件夹不存在，先创建文件夹!")
      os.makedirs(path)
      print("文件夹创建成功!")
file_name = os.path.join(path,'poet.txt')
with open(file_name, 'w', encoding='utf-8') as f:
      f.writelines(poet)
print("写入成功")
```

例 2：在 d:\test 文件夹下有一个文本文件的成绩表 score.txt，其中每行存放一个学生的成绩，第一列为姓名，第二列为语文成绩，第三列为数学成绩，第四列为英语成绩。要求读出该文件中所有学生的成绩，并计算总分，然后按照总分降序写入文本文件 score_sorted.txt 中。代码如下。

```
def score_sorted():
      with open('d:\\test\\score.txt', 'r', encoding='utf-8') as f:
            data = f.readlines()
            i = 0
            for line in data:
                  line_list = line.strip('\n').split()
                  data[i] = line_list
                  total_score = int(data[i][1]) + int(data[i][2]) +
int(data[i][3])
                  data[i].append(total_score)
```

```
            i = i + 1
    data.sort(key = lambda x:x[4], reverse=True)
    with open('d:\\test\\score_sorted.txt', 'w', encoding='utf-8') as f:
        for line_list in data:
            print(line_list)
            line = ''
            for j in range(i):
                line = line + str(line_list[j]) + ' '
            line = line + '\n'
            f.write(line)

if __name__ == "__main__":
    score_sorted()
```

例 3：编写程序，递归删除指定文件夹中指定类型的文件和大小为 0 的文件。代码如下。

```
from os.path import isdir,join,splitext
from os import remove,listdir,chmod,stat
file_types = ('.tmp', '.log', '.obj', '.txt')
def del_certain_files(path):
    if not isdir(path):
        return
    for file_name in listdir(path):
        temp = join(path, file_name)
        if isdir(temp):
            del_certain_files(temp)
        elif splitext(temp)[1] in file_types or stat(temp).st_size == 0:
            chmod(temp, 0o777)
            remove(temp)
            print(temp,'deleted...')
del_certain_files("d:\\test")
```

例 4：统计指定文件目录大小及文件和文件夹数量。代码如下。

```
import os
total_size,file_num,dir_num = 0,0,0
def traversals(path):
global total_size,file_num,dir_num
    if not os.path.isdir(path):
    print('目录不存在')
    return
for lists in os.listdir(path):
    sub_path = os.path.join(path,lists)
    if os.path.isfile(sub_path):
        file_num += 1
    total_size += os.path.getsize(sub_path)
```

```
            elif os.path.isdir(sub_path):
                dir_num += 1
                traversals(sub_path)
def size_convert(size):
k,m,g = 1024,1024**2,1024**3
if size>=g:
    return str(round(size/g,2)) +'GB'
elif size>=m:
    return str(round(size/m,2)) +'MB'
elif size>=k:
    return str(round(size/k,2)) +'KB'
else:
    return str(size) + 'Bytes'
def output(path):
if os.path.isdir(path):
    print('类型：文件夹')
else:
    return
print('位置:',path)
print('大小:',size_convert(total_size)+'('+str(total_size)+'字节)')
if __name__ == "__main__":
path = 'd:/pyproject'
traversals(path)
output(path)
```

运行结果如下。

```
类型：文件夹
位置：d:/pyproject
大小：1.15MB(1202947 字节)
```

8.7 本章小结

本章首先介绍了文件，包括文件打开、读、写、关闭等操作；其次介绍了 csv、json 等模块操作，以及如何应用 Python 内置的 os 模块及其子模块 os.path 进行目录相关的操作；最后介绍了在实际开发中，为了实现更高级的功能，如文件压缩和解压缩等，可使用 shutil 模块。

8.8 习题

1. 填空题

(1) 打开文件可以使用________函数来实现。

(2) 使用上下文管理关键字________可以自动管理文件对象，不论何种原因结束该关键字中的语句块，都能保证文件被正确关闭。

(3) Python 标准库 os 中用来列出指定文件夹中的文件和子文件夹列表的方式是_______。

(4) Python 标准库 os.path 中用来判断指定文件是否存在的方法是________。

(5) 在读写文件过程中，________方法可以获取当前的读写位置。

2. 选择题

(1) 打开一个二进制文件并进行追加写入，下列正确的模式是(　　)。

A. 'ab+'　　B. 'a+'　　C. 'w+'　　D. 'wb+'

(2) os 模块的(　　)函数可以删除文件。

A. move()　　B. del()　　C. rename()　　D. remove()

(3) 假设文件不存在，如果使用 open()方法打开文件会报错，那么该文件的打开模式是(　　)。

A. r　　B. w　　C. a　　D. w+

(4) 关于 CSV 文件的描述，以下选项错误的是(　　)。

A. CSV 文件的每一行是一维数据，可以使用 Python 中的列表类型表示

B. 整个 CSV 文件是一个二维数据

C. CSV 文件格式是一种通用的、相对简单的文件格式，应用于程序之间转移表格数据

D. CSV 文件通过多种编码表示字符

(5) 使用语句 f=open('addrbook.txt', 'r')打开的文件位置在(　　)。

A. C 盘根目录下

B. D 盘根目录下

C. Python 安装目录下

D. 与源文件在相同的目录下

(6) 关于下面代码中的变量 x，以下选项中描述正确的是(　　)。

```
f = open(fname, "r")
for x in f:
        print(x)
f.close()
```

A. 变量 x 表示文件中的一个字符

B. 变量 x 表示文件中的全体字符

C. 变量 x 表示文件中的一行字符

D. 变量 x 表示文件中的一组字符

3. 简答题

(1) 简述 read()、readline()、readlines()方法的区别。

(2) 简述 pickle 模块中 dump()和 load()函数的区别。

(3) 简述文本文件与二进制文件的区别。

4. 编程题

(1) 编写程序，实现文件备份功能。

(2) 假设有一个英文文本文件，编写程序读取其内容，并将其中的大写字母变为小写字母，小写字母变为大写字母。

(3) 编写程序，统计文本文件中大写字母、小写字母、数字字符及其他字符的出现次数。

(4) 将 file1.txt 文件中的每行按逆序方式输出到 file2.txt 文件中。

第9章 异常处理

编写程序时，总会出现各种各样的错误，使得程序无法运行或没有得到正确的执行结果，虽然大部分软件在发布之前一般都经过了严格的测试，但也不能列举出所有可能出现的情况，此时异常处理结构就是避免特殊情况下软件崩溃的利器。异常是指程序运行中使程序无法继续执行的错误或意外情况。引发异常的原因有很多，如除零、下标越界、文件不存在、数据类型错误、网络异常等，如果这些错误得不到正确的处理将会导致程序崩溃并终止运行，因此，我们要合理使用异常结构。本章首先介绍异常处理机制，其次介绍异常的语法，最后介绍自定义异常的方法。

9.1 异常处理概述

9.1.1 异常的定义

当 Python 检测到一个错误时，解释器就会指出当前程序流且无法再继续执行下去，这时就出现了异常。代码一旦抛出异常而得不到及时处理，整个程序就会崩溃而提前结束，合理地使用异常处理结构可以使程序运行得更加稳定。Python 提供了一套异常处理方法，使程序在发生不可预见的错误时，仍能正常运行。

下面是一些常见的异常表现形式。

```
>>> 5/0                                    # 除零错误
Traceback (most recent call last):
  File "<pyshell#0>", line 1, in <module>
    5/0
```

```
ZeroDivisionError: division by zero
>>> alist = [1,2,3,4]
>>> alist[5]                                    # 下标越界
Traceback (most recent call last):
  File "<pyshell#4>", line 1, in <module>
    alist[5]
IndexError: list index out of range
>>> 'a'+1                                       # 操作数类型错误
Traceback (most recent call last):
  File "<pyshell#1>", line 1, in <module>
    'a'+1
TypeError: can only concatenate str (not "int") to str
>>> f = open(r'd:\test.txt','r')                # 文件不存在
Traceback (most recent call last):
  File "<pyshell#2>", line 1, in <module>
    f = open(r'd:\test.txt','r')
FileNotFoundError: [Errno 2] No such file or directory: 'd:\\test.txt'
```

从上面的异常可以看出，发生异常时，Python 系统默认的异常处理办法是用 traceback 来终止程序运行并抛出异常，即生成异常对象，并给出错误信息。

9.1.2 Python 中的异常类

Python 程序出现异常时将抛出一个异常类的对象。Python 中所有异常类的根类是 BaseException 类，它们都是 BaseException 类的直接或间接子类。下面全面展示了 Python 内置异常类的继承层次。

```
BaseException
 +-- SystemExit
 +-- KeyboardInterrupt
 +-- GeneratorExit
 +-- Exception
      +-- StopIteration
      +-- StopAsyncIteration
      +-- ArithmeticError
      |    +-- FloatingPointError
      |    +-- OverflowError
      |    +-- ZeroDivisionError
      +-- AssertionError
      +-- AttributeError
      +-- BufferError
      +-- EOFError
      +-- ImportError
           +-- ModuleNotFoundError
      +-- LookupError
      |    +-- IndexError
```

```
|      +-- KeyError
+-- MemoryError
+-- NameError
|      +-- UnboundLocalError
+-- OSError
|      +-- BlockingIOError
|      +-- ChildProcessError
|      +-- ConnectionError
|      |      +-- BrokenPipeError
|      |      +-- ConnectionAbortedError
|      |      +-- ConnectionRefusedError
|      |      +-- ConnectionResetError
|      +-- FileExistsError
|      +-- FileNotFoundError
|      +-- InterruptedError
|      +-- IsADirectoryError
|      +-- NotADirectoryError
|      +-- PermissionError
|      +-- ProcessLookupError
|      +-- TimeoutError
+-- ReferenceError
+-- RuntimeError
|      +-- NotImplementedError
|      +-- RecursionError
+-- SyntaxError
|      +-- IndentationError
|             +-- TabError
+-- SystemError
+-- TypeError
+-- ValueError
|      +-- UnicodeError
|             +-- UnicodeDecodeError
|             +-- UnicodeEncodeError
|             +-- UnicodeTranslateError
+-- Warning
       +-- DeprecationWarning
       +-- PendingDeprecationWarning
       +-- RuntimeWarning
       +-- SyntaxWarning
       +-- UserWarning
       +-- FutureWarning
       +-- ImportWarning
       +-- UnicodeWarning
       +-- BytesWarning
       +-- ResourceWarning
```

由上面的继承层次可知，BaseException 类是所有异常类型的基类，它派生了 Exception、KeyboardInterrupt、GeneratorExit 和 SystemExit 4 个子类。其中，Exception 是所有内置的、非系统退出的异常的基类；KeyboardInterrupt 是用户中断执行时会产生的异常；GeneratorExit 表示生成器退出异常；SystemExit 表示 Python 解释器退出异常。

9.2 捕获和处理异常

Python 程序在运行时检测到异常会直接崩溃，这种系统默认的异常处理方式并不友好。但 Python 既可以直接通过 try-except 语句实现简单的异常捕获与处理功能，也可以将 try-except 语句与 else 或 finally 子句组合，从而实现更强大的异常捕获与处理功能。下面对异常捕获语句的相关内容进行详细讲解。

9.2.1 try-except 语句捕获异常

try-except 语句的语法格式如下。

```
try:
    被检测的语句块
except [异常类型  [as 错误描述]]:
    异常处理语句块
```

以上格式中“被检测的语句块”是程序中可能出错的代码，也就是需要被监控的代码；except 子句中可以指定异常类型，若指定了异常类型，则该子句只对与指定异常类型相匹配的异常进行处理，否则处理 try 语句捕获的所有异常；except 子句中的 as 关键字用于将捕获到的异常对象赋给后面的错误描述；后面的异常处理语句块是当被检测语句块抛出异常后会执行的语句。

1. 捕获单个异常

捕获单个异常的方法比较简单，在 except 语句后指定捕获的单个异常类型即可。示例代码如下。

```
a = input('请输入一个整数:')
try:
    b = int(a)
    print(b)
except ValueError:
    print('出错了!')
```

运行结果 1:

```
请输入一个整数:123
123
```

运行结果 2：

```
请输入一个整数:abc
出错了!
```

上述代码可以捕获 ValueError 异常，但是没有明确说明异常产生的具体原因，这里可以在 except 后面明确捕获异常并利用 as 关键字来获取异常的具体信息，修改后的代码如下。

```
a = input('请输入一个整数:')
try:
    b = int(a)
    print(b)
except ValueError as error:
    print('出错了，原因:',error)
```

运行结果如下。

```
请输入一个整数:abc
出错了，原因: invalid literal for int() with base 10: 'abc'
```

2. 捕获全部异常

如果要捕获程序中所有的异常，那么可以将 except 之后的异常类型设置为 Exception 或省略不写。需要注意的是，若省略异常类型，则 except 子句中无法获取异常的具体信息。示例代码如下。

```
try:
    num1 = int(input('请输入被除数:'))
    num2 = int(input('请输入除数:'))
    print(num1/num2)
except Exception as error:
    print('出错了，原因:',error)
```

运行结果 1：

```
请输入被除数:5
请输入除数:0
出错了，原因: division by zero
```

运行结果 2：

```
请输入被除数:5
请输入除数:a
出错了，原因: invalid literal for int() with base 10: 'a'
```

3. 异常分类处理

在实际开发中，同一段代码可能会抛出多种异常，并且需要针对不同的异常类型进行相应的处理。为了支持多种异常的捕获和处理，Python 提供了带有多个 except 的异常处理结构，一旦 try 子句中的代码抛出了异常，就按照顺序检测异常与哪一个 except 子句匹配，如果某个 except 捕获到了异常，则其他 except 子句将不会再尝试捕获异常。该结构类似于多分支选择结构，其语法格式如下。

```
try:
    被检测的语句块
except 异常类型 1:
    异常处理语句块 1
except 异常类型 2:
    异常处理语句块 2
except 异常类型 3:
    异常处理语句块 3
...
```

下面代码演示了多种异常的处理结构。

```
try:
    x = int(input('请输入被除数:'))
    y = int(input('请输入除数:'))
    print(x/y)
except ZeroDivisionError:
    print('除数不能为零')
except ValueError:
    print('输入的数据类型有误')
```

运行结果 1：

```
请输入被除数:10
请输入除数:2
5.0
```

运行结果 2：

```
请输入被除数:10
请输入除数:a
输入的数据类型有误
```

运行结果 3：

```
请输入被除数:10
请输入除数:0
除数不能为零
```

为了减少代码量，Python 允许把多个异常类型放到一个元组中，然后使用一个 except 子句同时捕获多种异常，并且共用同一段异常处理代码。例如：

```
try:
    x = int(input('请输入被除数:'))
    y = int(input('请输入除数:'))
    print(x/y)
except (ZeroDivisionError,ValueError):
    print('出错了')
```

运行结果如下。

```
请输入被除数:10
请输入除数:0
出错了
```

9.2.2　try-except-else 结构

带有 else 子句的异常处理结构可以看作一种特殊的双分支结构，如果 try 中的代码抛出异常并且被 except 语句捕获，则执行相应的异常处理代码，这种情况就不会执行 else 中的代码；如果 try 中的代码没有引发异常，则执行 else 块的代码。其语法格式如下。

```
try:
    被检测的语句块
except [异常类型 [as 错误描述]]:
    异常处理语句块
else:
    没有异常的语句块
```

例如，要求用户从键盘上输入一个整数，代码如下。

```
while True:
    x = input('请输入一个整数:')
    try:
        x= int(x)
    except Exception as error:
        print('出错了，原因:',error)
    else:
        print(f'你输入的是{x}')
        break
```

运行结果如下。

```
请输入一个整数:123a
出错了，原因: invalid literal for int() with base 10: '123a'
```

```
请输入一个整数:123
你输入的是 123
```

从上述代码中可以看出，当 try 中的代码没有引发异常时，就会执行 else 中的代码，并且退出循环，同时，不要把太多的代码放在 try 中，而是只放真的可能会引发异常的代码。

9.2.3 try-except-finally 结构

在 try-except-finally 结构中，无论 try 中的代码是否发生异常，也不管抛出的异常有没有被 except 语句捕获，finally 子句中的代码总是会被执行。其语法格式如下。

```
try:
    被检测的语句块
except [异常类型 [as 错误描述]]:
    异常处理语句块
finally:
    一定执行的代码
```

如果程序中有一些在任何情况下都必须执行的代码，那么就可以将它们放在 finally 语句的代码块中。finally 中的代码常用来做一些清理工作，如释放资源等。下面的代码是利用 finally 子句清理文件资源。

```
try:
    f = open('abc.txt','r',encoding='utf-8')
    print(f.read())
except FileNotFoundError as error:
    print(error)
finally:
    f.close()
    print('文件已关闭')
```

运行结果如下。

```
锄禾日当午，汗滴禾下土。
谁知盘中餐，粒粒皆辛苦。
文件已关闭
```

有时，并不是采用了异常处理结构就能确保程序运行的过程不报错，如上面的代码中，finally 子句中的语句也可能会引发异常。虽然利用了 finally 子句来避免文件对象没有关闭的对象发生，但是由于指定的文件对象 f 不存在而导致打开失败，所以在 finally 子句中关闭文件时引发异常。例如：

```
try:
    f = open('test.txt','r',encoding='utf-8')
    print(f.read())
```

```
except FileNotFoundError as error:
    print(error)
finally:
    f.close()
    print('文件已关闭')
```

运行时报错：

```
Traceback (most recent call last):
[Errno 2] No such file or directory: 'test.txt'
  File "D:/pyproject/test.py", line 1091, in <module>
    f.close()
NameError: name 'f' is not defined
```

9.2.4　抛出异常

Python 除自动引发异常外，还可以使用 raise 语句主动引发异常，即一旦执行 raise 语句，程序就会终止执行，并报错。raise 语句的语法格式如下。

```
raise  异常类型[(提示信息)]
```

异常类型用于指定抛出的异常名称及异常信息的相关描述。下面是利用 raise 语句的示例。

```
try:
    x = int(input('请输入被除数:'))
    y = int(input('请输入除数:'))
    if y==0:
        raise ValueError('除数不能为 0')
    print(x/y)
except ZeroDivisionError:
    print('出错了')
except ValueError as error:
    print('输入错误:',error)
```

运行结果如下。

```
请输入被除数:10
请输入除数:0
输入错误: 除数不能为 0
```

从运行结果可以看出，在除数输入为 0 时，抛出了 ValueError 异常，然后通过 except 语句中的 ValueError 异常处理方式来进行处理，而并没有利用 ZeroDivisionError 异常进行处理。

9.3 自定义异常类*

虽然Python提供了许多内置的异常类，但是在实际开发中对可能出现的问题难以预料，仅使用标准模块中的异常类难以满足系统开发的需求，因此，有时开发人员需要自定义异常类。自定义异常类必须继承 Exception 类或 Exception 子类的类，类名建议以 Error 作为后缀。

下面通过一个输入数字的示例来演示自定义异常类，代码如下。

```
class InputError(Exception):
    def __init__(self,n):
        self.n=n
try:
    n=input("请输入数字：")
    if not n.isdigit():
        raise InputError(n)
except InputError as e:
    print("InputError：输入的不是数字。\n 您输入的是：",e.n)
else:
    print("未发生异常")
```

程序中首先定义了一个 InputError 类，继承自 Exception，并在 InputError 类中添加了属性 n，用来表示输入的数字值。通过 try 试图捕获由于用户输入的内容不是数字而引发的 InputError 类异常。

运行结果 1：

```
请输入数字：a
InputError：输入的不是数字。
您输入的是： a
```

运行结果 2：

```
请输入数字：123
未发生异常
```

9.4 断言*

assert语句又称为断言语句，是用来申明表达式为真的判定。如果表达式为假则抛出异常。断言常用于测试程序和表达式，如果表达式为假，则触发 AssertionError 异常；如果表达式为真，也就是断言成功，则程序不采取任何措施。其语法格式如下。

```
assert 逻辑表达式 [,异常信息]
```

assert 后面跟一个逻辑表达式，异常信息是逻辑表达式为假时传递给 AssertionError 对象的字符串。

assert 语句可以帮助程序开发人员在开发阶段调试程序，以保证程序能够正确运行。下面是使用断言语句判断用户输入的除数是否为 0 的示例。

```
num1 = int(input('请输入被除数:'))
num2 = int(input('请输入除数:'))
assert num2 != 0, '除数不能为 0'
print(num1/num2)
```

用户输入 num1 和 num2 作为被除数和除数，然后断言 num2 不等于 0，若不等于 0 则进行除法，否则会引发 AssertionError 异常，并提示“除数不能为 0”。

运行结果如下。

```
请输入被除数:10
请输入除数:0
Traceback (most recent call last):
  File "D:/pyproject/test.py", line 1130, in <module>
    assert num2 != 0, '除数不能为 0'
AssertionError: 除数不能为 0
```

9.5 应用举例

例 1：计算 test.txt 文件中每行数字的总和与平均值。代码如下。

```
sum,num,flag = 0,0,True
try:
    f = open('test.txt','r')
except FileNotFoundError as error:
    print(error)
    flag = False
if flag:
    try:
        for line in f:
            num = num + 1
            sum += float(line)
            ave = sum/num
    except ValueError as error:
        print(error)
        if num>1:
            print('总和:',sum,'平均值:',sum/(num-1))
```

```
        else:
            print('无法计算')
    except ZeroDivisionError:
        print('空文件')
    else:
        print('总和:',sum,'平均值:',ave)
    finally:
        f.close()
print('程序结束')
```

9.6 本章小结

本章主要讲述了 Python 异常的相关知识，包括异常的概念和类型、内置异常类、捕获异常、抛出异常、自定义异常和断言的使用方法等。

9.7 习题

1. 填空题

(1) Python 中所有异常都是________的子类。

(2) 当程序中使用了一个未定义的变量时会引发________异常。

(3) 用户自定义异常类需继承________。

(4) 若不满足 assert 语句中的表达式会引发________异常。

(5) 通过________关键字可以获取异常信息。

2. 选择题

(1) 下列选项中，(　　)语句可以手动触发异常。

A. try　　B. except　　C. raise　　D. finally

(2) 当 try 语句块中未触发异常时，(　　)语句块不会执行。

A. finally　　B. except　　C. else　　D. try

(3) 下列选项中，语句顺序正确的是(　　)。

A. try-else-except　　B. try-except-finally-else

C. try-finally-except　　D. try-except-else-finally

(4) 无论 try 语句块中是否发生异常，(　　)语句块都会被执行。

A. except　　B. except-as　　C. finally　　D. else

(5) 下列选项中，关于异常的描述错误的是(　　)。

A. 错误就是错误，异常就是错误

B. 异常是程序运行时产生的

C. IndexError 是 Exception 的子类

D. except 子句一定位于 else 和 finally 子句之前

(6) 若执行 1/0，则会引发的异常是(　　)。

A. ZeroDivisionError　　B. NameError

C. KeyError　　D. IndexError

(7) 下列代码运行后会引发(　　)异常。

```
num_li = [1,2,3]
print(num_li[3])
```

A. SyntaxError　　B. IndexError

C. KeyError　　D. NameError

3. 简答题

(1) 什么是异常？

(2) 简述异常处理语句的执行流程。

(3) 简述 raise 语句的使用方法。

4. 编程题

(1) 编写程序，按用户输入的半径计算圆的面积，若半径为负值则抛出异常。

(2) 编写程序，按用户输入的三角形 3 条边判断能否构成直角三角形，若能构成则计算该三角形的面积和周长，否则引发异常。

(3) 编写程序，输入与输出员工的姓名、年龄、月收入，假设姓名字符串长度为2～18，年龄为18～60，月收入大于2500元，如果不满足上述条件，则手动触发异常并处理。

第 10 章

模　块

经过对前面知识的学习，我们知道了 Python 代码可以写在一个文件中。但是随着程序越来越大，程序维护变得非常困难，因此，为了便于维护，需要将程序分成多个文件。Python 程序由包、模块、函数组成，函数在前面章节中介绍过，本章主要介绍模块。

10.1 模块概述

在 Python 中，一个扩展名为.py 的文件就称为一个模块，其中可以包含变量、函数和类的定义，也可以包含其他各种 Python 语句。通常，将能够实现某一特定功能的代码放置在一个文件中作为一个模块，从而方便其他程序和脚本导入并使用。使用模块具有以下优势。

(1) 提高代码的可重用性。保存在模块中的函数能够被其他程序所使用，如在应用程序开发中，经常需要处理时间，此时不必在每个程序中写入时间的处理函数，只需要导入 time 模块即可。

(2) 避免了函数名和变量名冲突。由于相同名字的函数和变量可以分别存在于不同的模块中，因此，在编写模块时，不必考虑名字会与其他模块冲突，但是切记不要与内置函数同名。

在 Python 中模块可以分为以下三类。

- 内置标准模块：Python 自带的模块，如 os、sys 等。
- 自定义模块：用户为了实现某个功能自己编写的模块。
- 第三方模块：其他人已经编写好的模块。

通常，一个 Python 程序可由若干个模块构成，一个模块中可以有其他模块的变量、函数和类等，包含了程序的主要控制流程的模块称为顶层模块，也称为主模块。

10.2 模块的定义与使用

10.2.1 自定义模块

在 Python 中，自定义模块有两个作用：一个是规范代码，让代码更易于阅读；另一个是方便其他程序使用已经编写好的代码，提高开发效率。实现自定义模块分为两个步骤，即创建模块和导入模块。

每个 Python 文件就是一个模块，文件的名字就是模块的名字。因此，创建模块，实际就是创建一个.py 文件。

下面的示例定义了一个 my_math.py 模块，模块中定义了算术四则运算。

```
def add(x,y):               # 定义加法函数
    return x+y

    def sub(x,y):           # 定义减法函数
    return x-y

def mul(x,y):               # 定义乘法函数
    return x*y

def div(x,y):               # 定义除法函数
    return x/y
```

注意：

创建模块时，设置的模块名要符合标识符命名规则，不要以数字开头，尽量不要与 Python 自带的标准模块名称相同。

10.2.2 使用 import 语句导入模块

创建模块后，就可以在其他程序中使用该模块了。若要使用模块，则需要先以模块的形式加载模块中的代码，可以使用 import 语句实现。import 语句的基本语法格式如下。

```
import 模块名 [as 别名]
```

例如，导入前面自定义 my_math 模块，并执行该模块中的函数，代码如下。

```
import my_math
def main():
```

```
    print(f"12+34={my_math.add(12,34)}")
    print(f"12-34={my_math.sub(12,34)}")
    print(f"12*34={my_math.mul(12,34)}")
    print(f"12/34={my_math.div(12,34)}")

if __name__ == "__main__":
    main()
```

运行结果如下。

```
12+34=46
12-34=-22
12*34=408
12/34=0.35294117647058826
```

注意：

在调用模块中的变量、函数或类时，需要在变量名、函数名或类名前添加“模块名.”作为前缀。例如，上面代码中的my_math.add()，表示调用了my_math模块中的add()函数。

所有的模块在Python模块的开头部分导入，而且最好按照Python标准库模块、第三方模块、自定义模块的顺序导入，并且使用一个空行分隔这三类模块的导入语句。模块可以被导入多次，但只有第一次导入时被加载并执行。

如果模块名比较长，不容易记住，可以在导入模块时使用as关键字为其设置一个别名，然后通过该别名来调用模块中的变量、函数和类等。例如，将上面代码修改为如下方式。

```
import my_math as mm
def main():
    print(f"12+34={mm.add(12,34)}")
    print(f"12-34={mm.sub(12,34)}")
    print(f"12*34={mm.mul(12,34)}")
    print(f"12/34={mm.div(12,34)}")

if __name__ == "__main__":
    main()
```

import 用于导入整个模块，也可以在一行内导入多个模块，在导入多个模块时，模块名之间使用逗号进行分隔。例如：

```
import sys,os,pprint
```

10.2.3 使用from…import语句导入模块

在使用 import 语句导入模块时，每执行一条 import 语句都会创建一个新的命名空间

(namespace，记录对象名字和对象之间对应关系的空间)，并且在该空间中执行与.py 文件相关的所有语句。在执行时，需在具体的变量、函数和类名前加上“模块名.”前缀。如果不想每次导入模块时都创建一个新的命名空间，则可以使用 from…import 语句将具体的定义导入当前命名空间中。使用 from…import 语句导入模块后，不需要再添加前缀，直接通过具体的变量、函数和类名等访问即可。

from…import 语句的语法格式如下。

```
from 模块名 import 对象名
```

对象名用于指定要导入的变量、函数或类等，可以同时导入多个定义，各个定义之间使用逗号分隔。如果想导入全部定义，也可以使用通配符“*”代替。例如，通过下面 3 种方式都可以从模块导入指定的定义。

```
from my_math import add          # 导入 my_math 模块的 add()函数
```

```
from my_math import sub,mul      # 导入 my_math 模块的 sub()函数和 mul()函数
```

```
from my_math import *            # 导入 my_math 模块的全部定义
```

在导入模块时，使用通配符“*”导入全部定义后，如果想查看具体导入了哪些定义，可以通过 dir()函数来查看。例如：

```
from my_math import *
print(dir())
```

运行结果如下。

```
['__annotations__', '__builtins__', '__cached__', '__doc__', '__file__', '__loader__', '__name__', '__package__', '__spec__', 'add', 'div', 'mul', 'sub']
```

其中 add、div、mul 和 sub 就是我们导入的定义。

通过 from…import 导入模块具体示例如下。

```
from my_math import *
def main():
    print(f"12+34={add(12,34)}")
    print(f"12-34={sub(12,34)}")
    print(f"12*34={mul(12,34)}")
    print(f"12/34={div(12,34)}")

if __name__ == "__main__":
    main()
```

注意：

在使用 from…import 语句导入模块中的定义时，需要保证所导入的内容在当前的命名空间中是唯一的，否则将出现冲突，导致后导入的同名变量、函数或类会覆盖先导入的，这时就需要使用 import 语句进行导入。

10.2.4 模块的搜索路径

上面的程序使用 import 导入模块时，程序能够正常运行，因为它们存放在同一个文件夹中，但是如果这几个文件不在同一个文件夹中，则主程序运行时会产生异常。这是因为 Python 解释器对模块文件有一个查找过程。默认情况下会按照以下顺序进行查找。

(1) 在当前目录(即执行的 Python 脚本文件所在目录)下查找。

(2) 到 PYTHONPATH(环境变量)下的每个目录中查找。

(3) 到 Python 的默认安装目录下查找。

或者通过打印 sys.path 来查看当前模块搜索路径。例如：

```
import sys
print(sys.path)
```

运行结果如下。

```
['D:\\pyproject', 'D:\\pyproject', 'C:\\Program Files\\JetBrains\\PyCharm
2019.1.1\\helpers\\pycharm_display',
'C:\\Users\\lenovo\\AppData\\Local\\Programs\\Python\\Python37\\python37.zip',
'C:\\Users\\lenovo\\AppData\\Local\\Programs\\Python\\Python37\\DLLs',
'C:\\Users\\lenovo\\AppData\\Local\\Programs\\Python\\Python37\\lib',
'C:\\Users\\lenovo\\AppData\\Local\\Programs\\Python\\Python37',
'C:\\Users\\lenovo\\AppData\\Roaming\\Python\\Python37\\site-packages',
'C:\\Users\\lenovo\\AppData\\Local\\Programs\\Python\\Python37\\lib\\site-packages',
'C:\\Users\\lenovo\\AppData\\Local\\Programs\\Python\\Python37\\lib\\site-packages\\win32',
'C:\\Users\\lenovo\\AppData\\Local\\Programs\\Python\\Python37\\lib\\site-packages\\win32\\lib',
'C:\\Users\\lenovo\\AppData\\Local\\Programs\\Python\\Python37\\lib\\site-packages\\Pythonwin',
'C:\\ProgramFiles\\JetBrains\\PyCharm 2019.1.1\\helpers\\pycharm_matplotlib_backend']
```

如果要导入的模块不在上述运行结果的目录中，那么在导入时，将显示异常提示信息。我们可以通过以下方式添加指定的目录到 sys.path 中。

1. 临时添加

将“D:\python\code\test”目录添加到 sys.path 中，可以使用下面的代码。

```
import sys
sys.path.append(r'D:\python\code\test')
print(sys.path)
```

运行结果如下。

```
['D:\\pyproject', 'D:\\pyproject', 'C:\\Program Files\\JetBrains\\PyCharm 2019.1.1\\helpers\\pycharm_display',
'C:\\Users\\lenovo\\AppData\\Local\\Programs\\Python\\Python37\\python37.zip',
'C:\\Users\\lenovo\\AppData\\Local\\Programs\\Python\\Python37\\DLLs',
'C:\\Users\\lenovo\\AppData\\Local\\Programs\\Python\\Python37\\lib',
'C:\\Users\\lenovo\\AppData\\Local\\Programs\\Python\\Python37',
'C:\\Users\\lenovo\\AppData\\Roaming\\Python\\Python37\\site-packages',
'C:\\Users\\lenovo\\AppData\\Local\\Programs\\Python\\Python37\\lib\\site-packages',
'C:\\Users\\lenovo\\AppData\\Local\\Programs\\Python\\Python37\\lib\\site-packages\\win32',
'C:\\Users\\lenovo\\AppData\\Local\\Programs\\Python\\Python37\\lib\\site-packages\\win32\\lib',
'C:\\Users\\lenovo\\AppData\\Local\\Programs\\Python\\Python37\\lib\\site-packages\\Pythonwin',
'C:\\Program Files\\JetBrains\\PyCharm 2019.1.1\\helpers\\pycharm_matplotlib_backend',
'D:\\python\\code\\test']
```

可以在结果中看到新添加的目录。通过该方法添加的目录只在执行当前文件的窗口中有效，窗口关闭后即失效。

2. 增加.pth 文件

在 Python 安装目录下的 lib\site-packages 子目录中创建一个扩展名为.pth 的文件，文件名任意。例如，创建一个 mypath.pth 文件，将模块目录“D:\python\code\test”添加到 mypath.pth 文件中即可。如果需要添加多个目录，则一行写一个目录。添加后的代码如下。

```
D:\python\code\test
```

注意：

添加目录时目录不需要引号。

创建.pth 文件后，需要重新打开要执行的导入模块的 Python 文件，否则新添加的目录不起作用。推荐使用该方法。

3. 在环境变量中修改

打开“环境变量”对话框，新建一个系统环境变量，变量名为 PYTHONPATH，变量值为要添加的新的模块的目录，如图 10-1 所示。

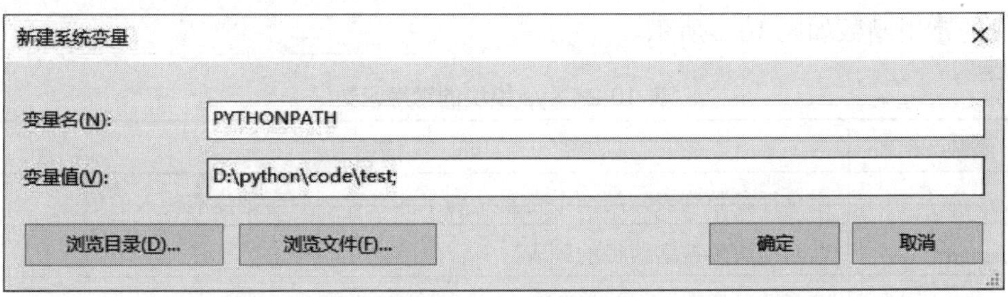

图 10-1　在环境变量中添加 PYTHONPATH 环境变量

在环境变量中添加模块目录后，需要重新打开要执行的导入模块的 Python 文件，否则新添加的目录不起作用。

10.3 常见内置模块

Python 官方提供了很多模块，针对许多问题提出了标准化的解决方案，如可以直接使用 import 语句将标准模块导入 Python 文件中。常用的内置标准模块如表 10-1 所示。

表 10-1 常用的内置标准模块

模块名	描述
sys	系统相关的参数和函数
time	提供与时间相关的各种函数
calendar	提供与日期相关的各种函数
os	提供访问操作系统服务功能
re	用于在字符串中执行正则表达式匹配和替换
random	生成随机数
shutil	用于进行高级文件操作
json	用于使用 json 序列化和反序列化
tkinter	使用 Python 进行 GUI 编程
math	提供标准算术运算函数
urllib	用于读取来自网络的数据

除了表中列出的标准模块以外，Python 还提供了很多标准模块，本节主要介绍几个常见的内置标准模块。

10.3.1 sys 模块

sys 模块是 Python 标准库中最常用的模块之一，通过它可以获取命令行参数，从而实现从程序外部向程序内部传递参数的功能，也可以获取程序路径和当前系统平台等信息。sys 模块的常用函数如表 10-2 所示。

表 10-2 sys 模块的常用函数

函数	描述
sys.argv	命令行参数列表。第一个元素是脚本的名称，后面是终端传入的值
sys.path	返回模块的搜索路径的列表
sys.exit(n)	退出解释器，n=0 为正常退出，其他为异常退出

(续表)

函数	描述
sys.modules()	返回所导入的模块的内存地址，可以当模块名使用
sys.version	获取 Python 解释程序的版本信息
sys.platform	返回操作系统平台名称
sys.studin()	获取标准输入
sys.studout()	获取标准输出

例如，通过 sys 模块获取命令行参数，代码如下。

```
import sys
print(sys.argv)
print("参数个数:"+str(len(sys.argv)))
for i in range(len(sys.argv)):
    print("参数"+str(i+1)+":"+sys.argv[i])
```

运行结果如下。

```
D:\pyproject>test.py haha verygood
['D:\\pyproject\\test.py', 'haha', 'verygood']
参数个数:3
参数 1:D:\pyproject\test.py
参数 2:haha
参数 3:verygood
```

注意：

上面的示例在执行程序时，需要开启终端模式(在 PyCharm 中，选择 View→ToolWindows→View→Terminal 选项即可)。从程序运行结果来看，在命令行中输入了 3 个参数，分别为'D:\\pyproject\\test.py'、'haha'和'verygood'，其中第一个参数为程序的文件名。

10.3.2　random 模块

random 模块用于生成随机数函数，其常用的函数如表 10-3 所示。

表 10-3　random 模块常用的函数

函数	描述
random.random()	返回一个 0 到 1 之间的随机浮点数
random.uniform(a,b)	返回一个指定范围内的随机浮点数
random.randint(a,b)	返回一个指定范围内的整数
random.randrange([start,]stop[,step])	从指定范围内按指定基数递增的集合中获取一个随机数
random.choice(sequence)	从序列中获取一个随机元素

续表

函数	描述
random.shuffle(x[,random])	用于将一个列表中的元素打乱
random.sample(sequence,k)	从指定序列中随机获取指定长度 k 的片段

例如，random 模块主要函数用法代码如下。

```
import random
print(random.random())                  # 生成一个 0<=n<1 的随机浮点数
print(random.uniform(2,4))              # 生成一个范围在 2～4 的随机浮点数
print(random.randint(0,10))             # 生成一个 0<=n<=10 之间的随机整数
print(random.randrange(0,10,2))         # 从 0、2、4、6、8 中随机获取一个数
list1=[1,2,3,4,5,6,7,8,9,10]
random.shuffle(list1)                   # 打乱列表中的元素
print(list1)
print(random.sample(list1,4))           # 从列表中随机获取 4 个元素
```

运行结果如下。

```
0.1611399636234434
3.9367260658480543
1
6
[8, 7, 5, 1, 2, 10, 4, 3, 6, 9]
[8, 7, 5, 6]
```

10.3.3　time 模块

time 模块提供各种操作时间的函数，通常用以下几种方式来表示时间。

(1) UTC(coordinated universal time，协调世界时)：格林威治天文时间，也即世界标准时间。例如，在中国为 UTC+8。

(2) DST(daylight saving time)：夏令时。

(3) 时间戳(timestamp)方式：时间戳是指从 1970 年 1 月 1 日 00:00:00 开始按秒计算的偏移量，返回的是 float 类型。time 模块中的 time()函数可以获取当前时间的时间戳。

例如，利用 time 模块的 time()函数获取时间戳，代码如下。

```
import time
print(time.time())
```

运行结果如下。

```
1635255928.4244587
```

从结果可以看到，通过 time 模块中的 time()函数获取当前时间的时间戳，不能直接得出它所表示的时间，此时可以将该结果转换为时间元组，再进行格式化输出。

(4) 元组(struct_time)方式：struct_time 共有 9 个元素，这 9 个元素的属性和值如表 10-4 所示。

表 10-4 struct_time 元组的 9 个元素

索引	属性	值
0	tm_year	年份，0000～9999 的整数
1	tm_mon	月份，1～12 的整数
2	tm_day	日期，1～31 的整数
3	tm_hour	小时，0～23 的整数
4	tm_min	分钟，0～59 的整数
5	tm_sec	秒钟，0～59 的整数
6	tm_wday	星期，0～6 的整数(星期一为 0)
7	tm_yday	天数，1～366 的整数
8	tm_isdst	0 表示标准时区，1 表示夏令时区

在 time 模块中，返回 struct_time 的函数主要有 gmtime()、strptime()、localtime()。例如，采用 localtime()函数可以将一个时间戳转为一个当前时区的时间元组，代码如下。

```
import time
print(time.localtime())
```

运行结果如下。

```
time.struct_time(tm_year=2021, tm_mon=10, tm_mday=30, tm_hour=18, tm_min=57, tm_sec=11, tm_wday=5,
tm_yday=303, tm_isdst=0)
```

从结果可以看出，时间元组表示时间也不易观察。此时可以通过 strftime()函数将时间元组格式化，格式化的时间更具有可读性。例如：

```
import time
print(time.strftime('%Y-%m-%d %H:%M:%S',time.localtime()))
print(time.strftime('%a %b %d %H:%M:%S %Y',time.localtime()))
```

运行结果如下。

```
2021-10-30 19:27:27
Sat Oct 30 19:27:27 2021
```

Python 中常用的时间日期格式化符号如表 10-5 所示。

表 10-5　Python 中常用的时间日期格式化符号

符号	说明	符号	说明
%y	两位数年份(00～99)	%B	本地完整的月份名称
%Y	四位数年份(0000～9999)	%c	本地相应的日期表示和时间表示
%m	月份(01～12)	%j	年内的一天(001～366)
%d	天数(00～31)	%p	本地 A.M.或 P.M.
%H	24 小时制小时(00～23)	%U	一年中的星期数(00～53)，星期天为星期的开始
%h	12 小时制小时(00～12)	%w	星期几(0～6)，星期天为星期的开始
%M	分钟(00～59)	%W	一年中的星期数(00～53)，星期一为星期的开始
%S	秒(00～59)	%x	本地相应的日期表示
%a	本地简化的星期名称	%X	本地相应的时间表示
%A	本地完整的星期名称	%Z	当前时区的名称
%b	本地简化的月份名称	%%	%号本身

10.4　第三方模块*

10.4.1　中文分词模块 jieba

在文本处理中，常需要通过分词将连续的字符序列按照一定的规范重新组合成词序列。在英文句子中，单词之间是以空格作为自然分界符，而中文的词没有形式上的分界符，因此中文分词比英文要复杂得多。而 jieba 就是 Python 中一个支持中文分词的第三方模块，具有强大的中文分词功能。作为第三方模块，需要安装才能进行使用，安装 jieba 模块的方法如下：打开 Windows“命令提示符”窗口，在命令行中输入 pip install jieba 命令，即可进行安装，如图 10-2 所示。

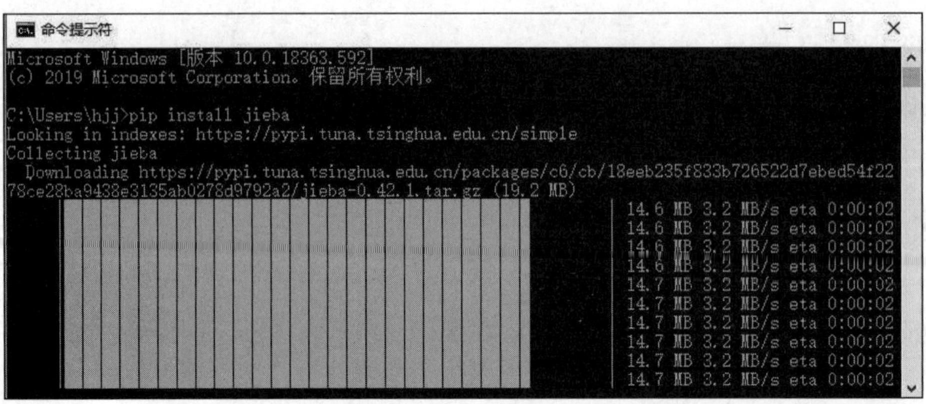

图 10-2　安装 jieba 库

jieba 模块包含以下 3 种分词模式。

(1) 精确分词：把文本精确地分开，不存在冗余单词，适合文本分析。

(2) 全模式：把文本中所有可以成词的词语都扫描出来，存在冗余单词。

(3) 搜索引擎模式：在精确模式的基础上，对长词再次切分。

Jieba 模块的主要函数如表 10-6 所示。

表 10-6　jieba 模块的主要函数

函数	描述
jieba.cut(s)	精确模式，对文本 s 进行分词，返回一个可迭代对象
jieba.cut(s,cut_all=True)	全模式，对文本 s 进行分词，返回一个可迭代对象
jieba.cut_for_search(s)	搜索引擎模式，对文本 s 进行分词，返回一个可迭代对象
jieba.lcut(s)	精确模式，对文本 s 进行分词，返回一个列表
jieba.lcut(s,cut_all=True)	全模式，对文本 s 进行分词，返回一个列表
jieba.lcut_for_search(s)	搜索引擎模式，对文本 s 进行分词，返回一个列表
jieba.add_word(w)	向分词词典中增加新词 w
jieba.del_word(w)	从分词词典中删除词汇 w

下面通过示例演示以上函数的功能。

- 精确模式

示例代码如下。

```
>>> import jieba
>>> s='曲曲折折的荷塘上面，弥望的是田田的叶子。'
>>> word=jieba.cut(s)  # 精确分词，返回迭代对象
>>> list(word)    # 转换成列表
Building prefix dict from the default dictionary ...
Dumping model to file cache C:\Users\lenovo\AppData\Local\Temp\jieba.cache
Loading model cost 0.698 seconds.
Prefix dict has been built successfully.
['曲曲折折', '的', '荷塘', '上面', '，', '弥望', '的', '是', '田田', '的', '叶子', '。']
>>> jieba.lcut(s)   # 精确分词，返回列表
['曲曲折折', '的', '荷塘', '上面', '，', '弥望', '的', '是', '田田', '的', '叶子', '。']
```

- 全模式

示例代码如下。

```
>>> word=jieba.cut(s,cut_all=True)
>>> list(word)
['曲曲', '曲曲折', '曲曲折折', '曲折', '折', '的', '荷塘', '上面', '，', '弥望', '的', '是', '田', '田', '的', '叶子', '。']
>>> jieba.lcut(s,cut_all=True)
['曲曲', '曲曲折', '曲曲折折', '曲折', '折', '的', '荷塘', '上面', '，', '弥望', '的', '是', '田', '田', '的', '叶子', '。']
```

- 搜索引擎模式

示例代码如下。

```
>>> word=jieba.cut_for_search(s)
>>> list(word)
['曲曲', '曲折', '曲曲折', '曲曲折折', '的', '荷塘', '上面', '，', '弥望', '的', '是', '田田', '的', '叶子', '。']
>>> jieba.lcut_for_search(s)
['曲曲', '曲折', '曲曲折', '曲曲折折', '的', '荷塘', '上面', '，', '弥望', '的', '是', '田田', '的', '叶子', '。']
```

从结果可以看出，无论哪种模式，cut()函数和 lcut()函数分词的结果是相同的，只是返回值类型不同。由于 lcut()函数返回的列表类型比较灵活，所以经常被使用。精确模式的结果没有冗余；全模式包括了所有可能的中文词语，但是冗余度最大；搜索引擎模式对长词进行进一步切分。

使用 jieba 模块对中文文档分析统计的过程通常包含以下 3 个步骤。

(1) 读取文本文件的内容到字符串 s 中。

(2) 使用 jieba 模块的 cut()函数对 s 进行分词。

(3) 循环遍历分词结果列表或可迭代对象，进行统计分析并输出结果。

下面的代码统计了《三国演义》中出现频率最高的 5 个词语。

```
import jieba
file_name = r'd:\三国演义.txt'
with open(file_name,encoding='utf-8') as f:   # 打开文本文件
    t = f.read()
words = jieba.lcut(t)   # 精确分词，返回一个列表
counts = {}   # 用字典存储词语及出现次数
for word in words:
    if len(word) !=1:   # 不统计单个汉字的词汇
        counts[word] = counts.get(word,0) + 1
items = list(counts.items())   # 将字典转换成列表
items.sort(key=lambda x:x[1],reverse=True)   # 根据词语出现的次数进行从大到小排序
for i in range(5):
    word,count = items[i]
    print(f'{word}--{count}')
```

运行结果如下。

```
曹操--936
孔明--831
将军--772
却说--657
玄德--570
```

10.4.2 词云模块 wordcloud

在文本分析中，当统计完关键词的频率后，可以通过词云图对文本中的词频以图片的方式进行展现，高频词语在图片中的占比较大，低频词语占比较小。使用第三方模块 wordcloud 可以方便地实现词云图。安装 wordcloud 模块的方法如下：打开 Windows“命令提示符”窗口，在命令行中输入 pip install wordcloud 命令，即可进行安装。

wordcloud 模块的核心是 WordCloud 类，所有的功能都封装在该类中。使用 wordcloud 模块生成词云图，一般遵循以下步骤。

(1) 实例化一个 WordCloud 对象，wc=WordCloud([参数])，通过参数可以设置词云的形状、尺寸和颜色等属性。WordCloud 的参数及功能如表 10-7 所示。

表 10-7 WordCloud 的参数及功能

参数	功能
width	指定词云生成图片的宽度，默认 400 像素
height	指定词云生成图片的高度，默认 200 像素
min_font_size	指定词云中字体的最小字号，默认 4 号
max_font_size	指定词云中字体的最大字号，根据高度自动调节
font_step	指定词云中字体字号的步进间隔，默认 1
font_path	指定字体文件的路径，默认 None
max_words	指定词云显示的最大单词数量，默认 200
stop_words	指定词云的排除词列表，排除词不在词云中显示
mask	指定词云形状，默认 None 长方形，通过指定词云形状的图片，可以生成炫酷的词云图
background_color	指定词云图片的背景颜色，默认黑色

(2) 调用 wc.generate(text)，对文本 text 进行分词，并生成词云图。生成词云图时，WordCloud 默认会以空格或标点为分隔符对目标文本 text 进行分词。

(3) 调用 wc.to_file("wc.png")，把生成的词云图输出到图像文件 wc.png。

例如，利用 Python 之禅生成词云图，代码如下。

```
from wordcloud import WordCloud
text = open(r'd:\python.txt',encoding='utf-8').read()
wc = WordCloud(background_color='white')
wc.generate(text)
wc.to_file('wc_python.png')
```

运行程序，生成如图 10-3 所示的 wc_python.png 词云图像文件。

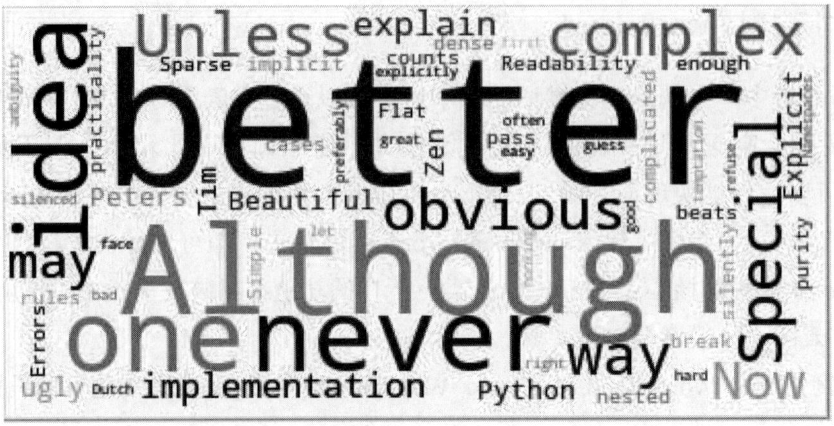

图 10-3　生成的 wc_python.png 词云图像文件

对于中文文本，生成词云图一般需要增加以下两个步骤。

(1) 先通过 jieba 模块将文本分词进行处理。

(2) 将 jieba 中文分词的结果列表以空格为分隔符拼接成文本。

然后再调用上述 3 个步骤，即可生成词云图。下面是将“2022 年政府工作报告”通过指定词云形状(心形图片)的掩码图片(map.jpeg)生成炫酷词云图的示例。

```
import jieba
from wordcloud import WordCloud
import numpy as np
from PIL import Image
mask1 = np.array(Image.open('star.jpeg'))
txt_file = r'd:\2022 年政府工作报告.txt'
with open(txt_file,encoding='utf-8') as f:
    text = f.read()
    words = jieba.cut(text)
    print(words)
new_text = ' '.join(words)
wc = WordCloud(background_color='white',width=800,height=600,
               font_path=r'c:\windows\font\STFANGSO.TTF',max_words=100,
               mask=mask1,max_font_size=80)
wc.generate(new_text)
wc.to_file('2022 年政府工作报告.png')
```

运行程序，生成如图 10-4 所示的“2022 年政府工作报告.png”词云图像文件。

图 10-4　生成的“2022 年政府工作报告”词云图像文件

注意：

创建 WordCloud 对象时，参数 font_path 需指定字体完整路径，默认为 wordcloud 库下的 DroidSansMono.ttf 字体。如果选用默认字体，则不能显示中文文字。因此，为了能够显示中文，我们可以自己设置字体，系统字体一般都在 C:\Windows\Fonts 目录下。例如，可将上述示例设置为 STFANGSO.TTF 华文仿宋。如果想要设置其他字体，可以打开 C:\Windows\Fonts，选择相应字体，然后右击属性，复制路径赋值给 font_path 即可。

10.5　应用举例

例 1：编写程序，通过 jieba 模块将文件“红楼梦.txt”进行文本分词处理，然后使用 wordcloud 模块显示中文词云图。代码如下。

```
import jieba
from wordcloud import WordCloud
file_name = '红楼梦.txt'
# 使用 excludes 排除一些意义不大的词
excludes = ['什么','一个','我们','那里','你们','说道','知道','老太太',
            '起来','姑娘','这里','出来','他们','自己','奶奶','不是',
            '没有','这个','的','太太','他','了','人','又','我', '还',
             '才','不','是']
with open(file_name,encoding='GB18030') as f:
    text = f.read()
```

```
    words = jieba.cut(text)
    new_text = ' '.join(words)
    wc = WordCloud(background_color='white',width=800,height=600,
                   font_path=r'C:\Windows\Fonts\simsun.ttc',max_words=100,
                   max_font_size=80,stopwords=excludes)
    wc.generate(new_text)
    wc.to_file('红楼梦.png')
```

10.6 本章小结

本章首先对模块进行了简要的介绍，其次介绍了如何自定义模块，最后介绍了一些常用 Python 内置的标准库模块和第三方模块的安装与使用。

10.7 习题

1. 填空题

(1) Python 中的________模块包含各种用于日期处理的类。

(2) 使用 time 模块的________函数可以获取当前系统的起始点。

(3) Python 中包含了数量众多的模块，通过________语句可以导入模块。

(4) Python 中 sys 模块的________属性返回一个路径列表。

2. 选择题

(1) 以下关于 random 模块的描述，正确的是(　　)。

A. 设定相同的种子，每次调用随机函数生成的随机数不相同

B. 通过 from random import *引入 random 模块的部分函数

C. uniform(0,1)与 uniform(0.0,1.0)的输出结果不同，前者随机整数，后者随机小数

D. randint(a,b)是生成一个[a,b]区间的随机整数

(2) 运行以下程序产生的运行结果是(　　)。

```
import time
t = time.time()
print(time.strftime( "%Y-%m-%d %H:%M:%S",t))
```

A. 系统当前的日期和时间　　B. 系统当前的日期

C. 系统当前的时间　　D. 系统出错

(3) (　　)模块可以获取命令行参数。

A. jieba　　B. wordcloud

C. sys　　D. time

3. 简答题

(1) 什么是模块？模块是如何导入的？

(2) 导入模块时一般采用什么搜索顺序？

4. 编程题

编写程序实现猜数字游戏模块，要求系统随机产生一个整数，玩家最多可以猜 5 次，系统会根据玩家的猜测进行提示。

第 11 章 数据库应用开发*

程序运行过程中，数据都是存放在内存中的，当程序结束时，我们需要把数据保存到硬盘上。通常可以采用两种方法，一种是使用前面学习的文件操作，将数据写入文件，从而保存到硬盘上；另一种是将数据写入数据库中。本章首先介绍数据库编程接口的知识，然后详细介绍 Python 如何操作 SQLite、MySQL 及 MongoDB 数据库的方法。

11.1 数据库编程接口

在项目开发中，数据库的应用必不可少。实际应用中，数据库的种类繁多，如 SQLite、MySQL、Oracle 等，但是它们的功能基本上是一样的，为了对数据库进行统一的操作，Python 语言提供了标准化的数据库接口(application program interface，API)。不同的数据库需要下载不同的 DB-API 模块。例如，若需要访问 Oracle 数据库和 MySQL 数据，则需要下载 Oracle 和 MySQL 数据库模块。DB-API 是一个规范，它定义了一系列必需的对象和数据库存取方式，以便为各种各样的底层数据库系统和数据库接口程序提供一致的访问接口。

11.1.1 连接对象

连接对象(connection object)主要用来管理数据库连接及关闭连接的对象。我们可通过使用函数 connect( )来获取连接的对象，该函数具有多个参数，并且根据不同的数据库类型而有所不同。例如，若需要访问 MySQL 数据库，则需要下载安装好 MySQL 数据库和 PyMySQL 数据库模块。connect( )函数的常用参数包括数据源名称、用户名称、用户密码、主机名及数据库名称等，其参数及说明如表 11-1 所示。

表 11-1　connect()函数参数及说明

参数	说明
dsn	数据源名称
user	用户名
password	密码
host	主机名
database	数据库名称

此外，在建立数据库连接时，connect()函数返回连接对象，该连接对象包括如下几个方法。

- close()：关闭数据库连接。
- commit()：提交事务。
- rollback()：回滚事务。
- cursor()：在连接对象上创建游标对象。

其中，commit()和 rollback()用于事务处理。事务，就是一系列有序数据操作的动作的集合，通过事务保障了数据的一致性和有效性，当且仅当所有数据操作返回都正确时，数据才会被更新到物理数据库中；否则，通过 rollback( )函数取消这一组数据操作。

11.1.2　游标对象

游标是处理数据的一种方法，可以方便地查看和处理结果集中的数据，用于向数据库提供执行查询语句、调用存储过程、获取查询结果等方法。

通过使用连接对象的 cursor()方法，可以获取到游标对象。游标对象也有许多方法，SQL 查询就是通过游标来执行的。游标对象的方法及说明如表 11-2 所示。

表 11-2　游标对象的方法及说明

方法	说明
close()	关闭当前游标
execute(operation[,params])	执行数据库操作、SQL 语句或数据库命令
executemany(operation,seq_of_params)	执行多个数据操作
fetchone()	获取查询结果集中的下一行，返回一个序列，若无数据，则返回 None
fetchmany(size=cursor,arraysize)	获取查询结果集的若干行，返回一个由序列构成的序列，默认行数为 arraysize
fetchall()	获取结果集的所有记录
callproc(procname[,params])	调用存储过程

(续表)

方法	说明
nextset()	跳至下一个结果集
arraysize	fetchmany()结果集返回行数，默认值为 1
setinputsize(sizes)	设置在调用 execute()方法时分配的内存区域大小
setoutputsize(sizes)	设置列缓冲区大小

11.2 使用 Python 操作 SQLite 数据库

SQLite 数据库是一种嵌入式数据库，不需要安装和配置服务器，支持使用 SQL 语句来访问数据库。SQLite 支持最大 140TB 的单个数据库，每个数据库完全存储在单个磁盘文件中，一个数据库就是一个文件，通过直接复制数据库文件就可以实现数据库的备份。该数据库使用 C 语言编写，体积很小，经常被集成到各种应用程序中。由于 Python 中内置了 SQLite 3，所以可直接使用 SQLite，不需要安装任何模块。Python 操作数据库的通用流程如图 11-1 所示。

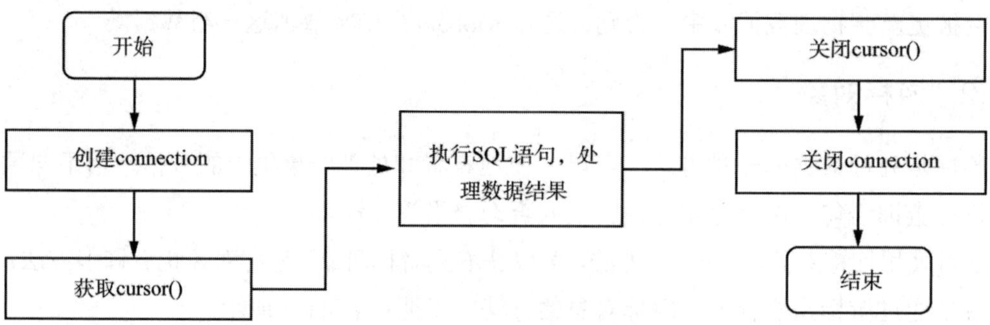

图 11-1 Python 操作数据库的通用流程

1. 创建(打开)数据库

在访问 SQLite 数据库时，首先要导入 sqlite3 模块，然后创建一个与数据库关联的 connection 对象来实现创建或打开数据库，代码如下。

```
import sqlite3
conn = sqlite3.connect('test.db')
```

使用 sqlite3.connect()方法连接数据库文件 test.db，如果 test.db 数据库文件已经存在，则会打开数据库，建立与程序之间的连接；如果 test.db 数据库文件不存在，则会在程序根目录下新建该数据库文件，并建立起连接。

2. 创建游标

一旦创建了连接对象，就可以利用该对象的cursor()方法创建一个游标对象，命令如下。

```
cur = conn.cursor()
```

3. 创建表

在创建了数据库连接和游标的基础上，再创建数据库表。例如，利用execute()执行SQL语句创建一个user表，包括id和name两个字段，命令如下。

```
cur.execute('create table user(id integer primary key, name varchar(20))')
```

其中，id字段类型为整型，是表的主键；name字段类型为字符型。

如果需要在已经创建的表中增加列，则可以通过运行以下类似语句实现。

```
cur.execute('alter table user add column age integer')
```

这条语句实现了在表user中添加新列age。

4. 插入数据

在创建好表之后，可以往表中插入数据，命令如下。

```
cur.execute('insert into user (id,name,age) values (1,"李源",20)')
cur.execute('insert into user (id,name,age) values (2,"马鑫",21)')
cur.execute('insert into user (id,name,age) values (3,"王涛",19)')
conn.commit()
```

以上命令实现了通过execute往表中插入3条数据，也可以通过executemany一次性将多条数据插入表中，如下。

```
info_list = [(4,"杨龙",21),(5,"梅星越",21),(6,"何鹏",19)]
cur.executemany('insert into user values(？，？，？)', info_list)
conn.commit()
```

5. 查询数据

数据库的操作中，查询是最常用的操作，查询的语句如下。

```
cur.execute('select * from user ')
result=cur.fetchone()
print(result)
result1=cur.fetchmany(2)
print(result1)
result2=cur.fetchall()
print(result2)
```

首先执行查询语句，然后通过fetchone()方法获取一条查询结果，利用fetchmany()方法查询多条数据，fetchall()方法可查询所有结果。上述代码的运行结果如下。

```
(1, '李源',20)
[(2, '马鑫',21), (3, '王涛',19)]
[(4, '杨龙',21), (5, '梅星越',21), (6, '何鹏',19)]
```

或者可以把查询语句的条件修改成如下的方式。

```
cur.execute('select * from user where id>？ ',(1,))
result3 = cur.fetchall()
print(result3)
```

使用问号作为占位符代替具体的数据，然后使用一个元组来替换问号，等价于以下语句。

```
cur.execute('select * from user where id>1')
```

使用占位符的方式可以避免 SQL 注入的风险。

6. 更新数据

在数据库中，更新操作也是常用的操作之一，可以通过如下的命令实现更新。

```
cur.execute('update user set age = ？  where id = ？ ',(21,1))
```

7. 删除数据

删除 user 表中 id 为 1 的数据，代码如下。

```
cur.execute('delete form user where id = ？ ',(1,))
```

8. 关闭游标和数据库连接

当数据库相关操作完成后，需要先关闭游标，再关闭数据库当前的连接，代码如下。

```
cur.close()
conn.close()
```

11.3 使用 Python 操作 MySQL 数据库

MySQL 是一款开源的软件，也是目前使用人数最多的数据库，接下来详细讲解如何利用 Python 操作 MySQL 数据库。

11.3.1 安装 PyMySQL

在 Python 2 中，主要使用 mysqldb 模块来连接 MySQL 数据库，而 PyMySQL 是 Python 3.x

版本中用于连接 MySQL 服务器的一个库，在使用 PyMySQL 之前，要确保 PyMySQL 已经安装。如果还未安装，在 Windows 下，可以直接进入命令行窗口，使用 pip 命令安装 PyMySQL，命令如下。

```
pip install pymysql
```

运行结果如图 11-2 所示。

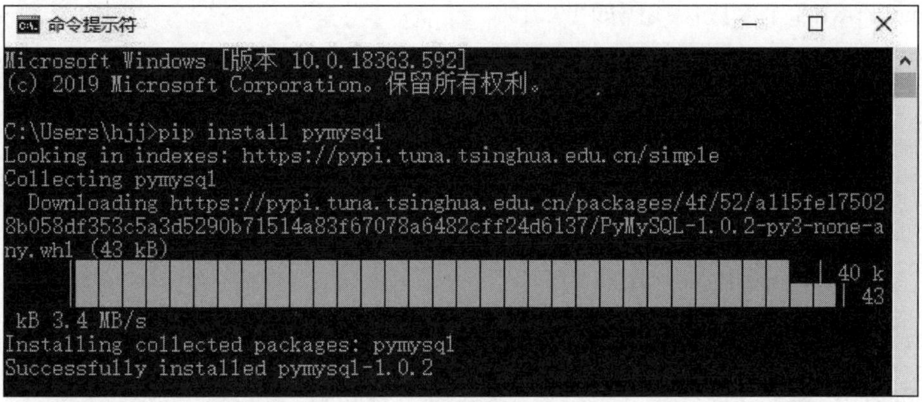

图 11-2　安装 PyMySQL

11.3.2　连接数据库

使用数据库的第一步是连接数据库。连接 MySQL 数据库的方法与 SQLite 相似。下面的代码是利用 Python 连接 MySQL 数据库的示例。

```
import pymysql
conn = pymysql.connect(host='localhost', port=3306, user='root',
    password='123456',db='test')
cur = conn.cursor()
cur.execute('select version()')
data = cur.fetchone()
print(f'database version {data}')
cur.close()
conn.close()
```

上述代码中，首先使用 connect()方法连接数据库(其中 host 参数是数据库的 IP 地址，本机域名为 localhost，本机 IP 为 127.0.0.1；port 参数是数据库的端口，默认为 3306；user 参数是数据库的用户名；password 参数是数据库用户名的密码；db 参数是连接的数据库名称)；其次使用 cursor()方法创建游标，使用 execute()方法执行 SQL 语句查看 MySQL 数据库版本，使用 fetchone()方法获取数据；最后使用 close()方法关闭数据库连接。

运行结果如下。

```
database version ('5.7.17-log',)
```

11.3.3 创建数据表

数据库连接成功后，即可为数据库创建数据表。下面以创建一个 user 表为例，包括 id、user_name、pwd 3 个字段，代码如下。

```
import pymysql
conn = pymysql.connect(host='localhost',port=3306, user='root',
    password='123456',db='test')
cur = conn.cursor()
cur.execute('drop table if exists user')
sql = '''
    create table user(
            id integer primary key,
            user_name varchar(20) not null,
            pwd varchar(30)
            )charset=utf8;
    '''
cur.execute(sql)
cur.close()
conn.close()
```

运行上述代码后，test 数据库下就创建了一个 user 表，通过 CMD 可查看数据库结果，如图 11-3 所示。

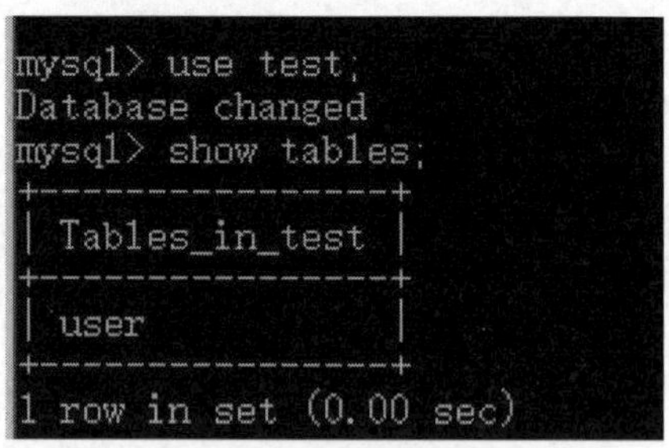

图 11-3　user 表结果

11.3.4 操作数据表

MySQL 数据表的操作主要包括数据的增、删、改、查，操作方法与 SQLite 类似。示例如下。

```
import pymysql
conn = pymysql.connect(host='localhost',port=3306,user='root',
```

```
password='123456',db='test', charset='utf8')
cur = conn.cursor()
data = [
    (1,'ly','123456'),
    (2,'mx','123456'),
    (3,'yl','123456'),
    (4,'mxy','123456'),
]
try:
    cur.executemany('insert into user(id,user_name,pwd) values
  (%s,%s,%s)',data)
    conn.commit()
except:
    conn.rollback()
cur.close()
conn.close()
```

上述代码的运行需要注意以下几点。

(1) 使用 connect()方法连接数据库时，额外设置字符集 charset=utf8，可以防止插入中文时出错。

(2) 在使用 insert 语句插入数据时，使用%s 作为占位符，可以防止 SQL 注入。

运行后，通过 CMD 进入数据库对 user 表进行查询，结果如图 11-4 所示。

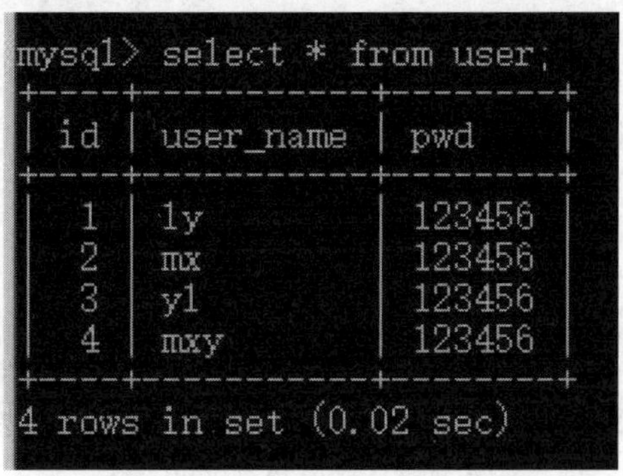

```
mysql> select * from user;
+----+-----------+--------+
| id | user_name | pwd    |
+----+-----------+--------+
|  1 | ly        | 123456 |
|  2 | mx        | 123456 |
|  3 | yl        | 123456 |
|  4 | mxy       | 123456 |
+----+-----------+--------+
4 rows in set (0.02 sec)
```

图 11-4　user 表数据查询结果

11.4　使用 Python 操作 MongoDB 数据库

MongoDB 是由 C++语言编写的非关系型数据库，是一个基于分布式文件存储的开源数据库系统，其内容存储形式类似 JSON 对象，它的字段值可以包含其他文档、数组及文档数组，非常灵活。本节我们介绍 Python 3 下 MongoDB 的存储操作。

1. 准备工作

在开始之前，请确保已经安装 MongoDB 并启动了其服务，并且安装好了 Python 的 PyMongo 库。安装 PyMongo 库只需要打开 CMD 窗口，输入 pip install pymongo 命令即可，安装过程如图 11-5 所示。

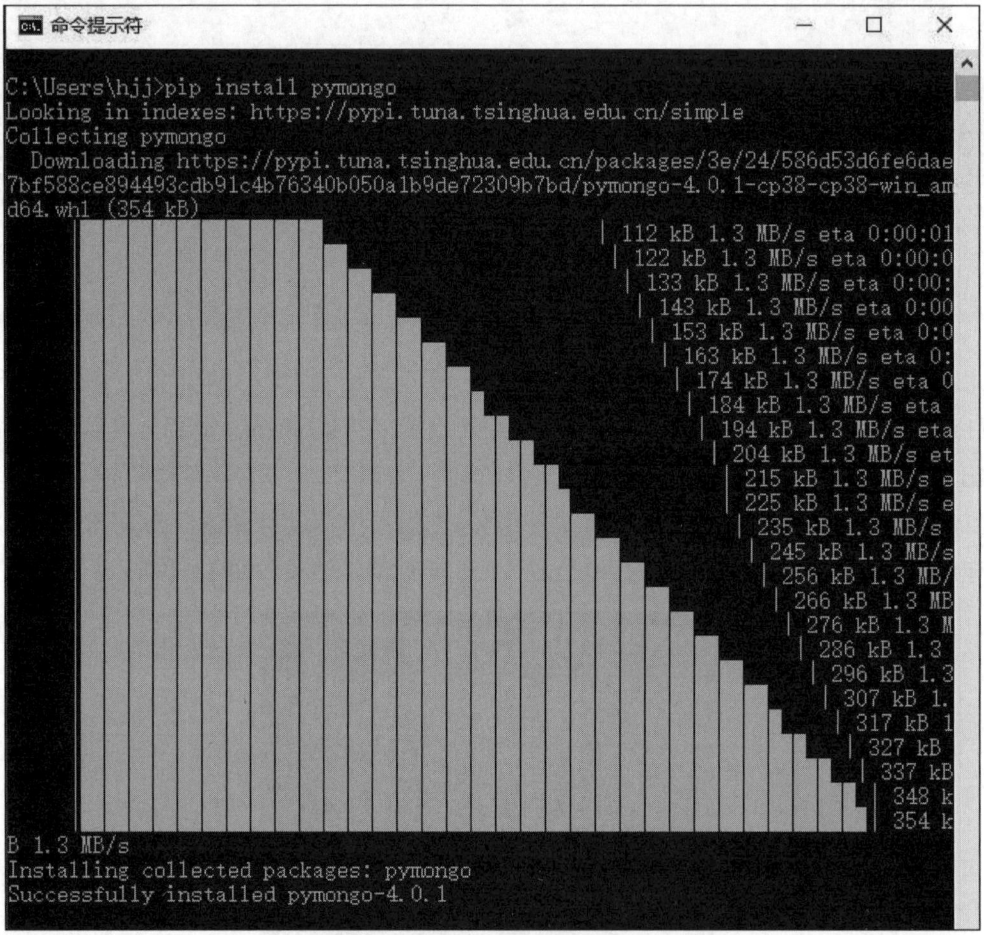

图 11-5　安装 PyMongo 库

2. 连接 MongoDB

连接 MongoDB 时，需要使用 PyMongo 库中的 MongoClient。一般来说，传入 MongoDB 的 IP 及端口即可，其中第一个参数为地址 host，第二个参数为端口 port(如果不给它传递参数，默认是 27017)，如下。

```
import pymongo
client = pymongo.MongoClient(host='localhost', port=27017)
```

这样就可以创建 MongoDB 的连接对象 client 了。

3. 指定数据库

MongoDB 中可以建立多个数据库，接下来我们需要指定操作哪个数据库。这里以默认的 test 数据库为例来说明，下一步需要在程序中指定要使用的数据库，如下。

```
db = client.test
```

这里调用 client 的 test 属性即可返回 test 数据库，当然，也可以使用如下[ ]指定。

```
db = client['test']
```

4. 指定集合

MongoDB 的每个数据库又包含许多集合(collection)，它们类似于关系型数据库中的表。接下来需指定要操作的集合，这里指定一个集合名称为 students。与指定数据库类似，指定集合也有两种方式，如下。

方式一：

```
collection = db.students
```

方式二：

```
collection = db['students']
```

这样我们便声明了一个 collection 对象。

5. 插入数据(文档)

使用 insert_one()和 insert_many()方法来分别插入单条记录和多条记录，如 students 集合，可新建一条学生数据，这条数据以字典形式表示，示例如下。

```
student = {
    'id':'20180101',
    'name':'李源',
    'age':20,
    'gender':'male'
}
result = collection.insert_one(student)
print(result)
print(result.inserted_id)
```

运行结果如下。

```
<pymongo.results.InsertOneResult object at 0x000002AAED7514C8>
60b4af238360808b37ff4bec
```

从运行结果可以看出，返回的是 InsertOneResult 对象，可以调用其 inserted_id 属性获取系统中自动给文档记录添加的_id。对于 insert_many()方法，可以将数据以列表形式传递，示例如下。

```
student1 = {
    'id':'20180102',
    'name':'王涛',
    'age':19,
    'gender':'male'
}
student2 = {
    'id':'20180103',
    'name':'马鑫',
    'age':21,
    'gender':'female'
}
result = collection.insert_many([student1, student2])
print(result)
print(result.inserted_ids)
```

运行结果如下。

```
<pymongo.results.InsertManyResult object at 0x0000023CAD359D88>
[ObjectId('60b9aaaf92644bf96dde63cc'), ObjectId('60b9aaaf92644bf96dde63cd')]
```

该方法返回的类型是 InsertManyResult，调用 inserted_ids 属性可以获取插入多条数据的_id 列表。

6. 查询

插入数据后，我们可以利用 find_one()或 find()方法进行查询，其中 find_one()查询得到的是单个文档结果，find()则返回一个生成器对象。示例如下。

```
result = collection.find_one({'name':'马鑫'})
print(type(result))
print(result)
```

这里查询 name 为马鑫的数据，它的返回结果是字典类型，运行结果如下。

```
<class 'dict'>
{'_id': ObjectId('60b9aaaf92644bf96dde63cd'), 'id': '20180103', 'name': '马鑫', 'age': 21, 'gender': 'female'}
```

从结果可以发现，它多了_id 属性，这是 MongoDB 在插入过程中自动添加的。此外，也可以根据 ObjectId 来查询，此时需要使用 bson 库中的 objectid，代码如下。

```
from bson.objectid import ObjectId
result = collection.find_one({'_id':ObjectId('60b9aaaf92644bf96dde63cd')})
print(result)
```

其查询结果依然是字典类型，具体结果如下。

```
{'_id': ObjectId('60b9aaaf92644bf96dde63cd'), 'id': '20180103', 'name': '马鑫', 'age': 21, 'gender': 'female'}
```

如果查询结果不存在，则会返回 None。

对于多条数据的查询，可以使用 find()方法。例如，查找年龄为 20 的数据，示例如下。

```
results = collection.find({'age':20})
print(results)
for result in results:
    print(result)
```

运行结果如下。

```
<pymongo.cursor.Cursor object at 0x000001B6F1E425C8>
{'_id': ObjectId('60b4af238360808b37ff4bec'), 'id': '20180101', 'name': '李源', 'age': 20, 'gender': 'male'}
{'_id': ObjectId('60b9ac9c95062a8d1ab7a691'), 'id': '20180104', 'name': '梅星越', 'age': 20, 'gender': 'male'}
```

返回结果是 cursor 类型，它相当于一个生成器，我们需要遍历获取所有的结果，其中每个结果都是字典类型。

7. 更新

更新的方法分为 update_one()方法和 update_many()方法，分别是更新一条和更新多条。示例如下。

```
condition = {'name':'马鑫'}
student = collection.find_one(condition)
student['age'] = 20
result = collection.update_one(condition,{'$set':student})
print(result)
print(result.matched_count,result.modified_count)
```

这里调用了 update_one()方法，第二个参数不能再直接传入修改后的字典，而是需要使用修改器{'$set': student}的形式，其返回结果是 UpdateResult 类型；然后分别调用 matched_count 和 modified_count 属性，可以获得匹配的数据条数和影响的数据条数。

运行结果如下。

```
<pymongo.results.UpdateResult object at 0x00000153965DBA48>
1  1
```

8. 删除

删除操作比较简单，直接调用 remove()方法指定删除的条件即可，此时符合条件的所有数据均会被删除。示例如下。

```
Result = collection.remove({'name': '李源'})
print(result)
```

运行结果如下。

```
{'ok': 1, 'n': 1}
```

另外，可以利用 delete_one()删除第一条符合条件的数据，利用 delete_many()删除所有符合条件的数据。由于它们的返回结果都是 DeleteResult 类型，所以可以调用 deleted_count 属性获取删除的数据条数。示例如下。

```
result=collection.delete_one({'name':'梅星越'})
print(result)
print(result.deleted_count)
result=collection.delete_many({'age':{'$lt':25}})
print(result.deleted_count)
```

运行结果如下。

```
<pymongo.results.DeleteResult object at 0x0000028DB4364608>
1
3
```

11.5 本章小结

本章首先介绍了 Python 数据库应用程序接口 DB-API，接着介绍了 Python 集成的数据库——SQLite 的操作方法，然后介绍了利用 Python 操作 MySQL 数据库，最后详细介绍了 Python 操作非关系型数据库 MongoDB 的方法。

11.6 习题

1. 填空题

(1) SQLite 是基于________的数据库管理系统。

(2) SQLite 支持最大________的单个数据库。

(3) 游标对象中的________方法用来获取结果集的所有记录。

(4) MySQL 数据库的默认端口是________。

(5) MongoDB 的每个数据库又包含许多________，它们类似于关系型数据库中的表。

(6) MongoDB 是________数据库，是一个基于________文件存储的开源数据库系统。

2. 选择题

(1) Python 访问关系数据库时，创建 Cursor 对象应使用 Connection 对象的(　　)方法。

A. execute()　　B. cursor()　　C. commit()　　D. close()

(2) Python 访问关系数据库时，执行多条 SQL 语句应使用 Cursor 对象的(　　)方法。

A. fatchall()　　B. execute()　　C. executemany()　　D. close()

(3) 使用 pymysql 模块访问 MySQL 数据库时，提交当前事务的方法是(　　)。

A. connect()　　B. fetchone()　　C. rollback()　　D. commit()

(4) 在 MongoDB 数据库中，一个数据库包含一组(　　)。

A. 数据库　　B. 集合　　C. 字段　　D. 键

3. 简答题

(1) 简述 Python 操作 MySQL 数据库的步骤。

(2) 简述 Python 操作 MongoDB 数据库的方法。

4. 编程题

运用 PyMySQL 开发网店会员管理系统，该系统主要实现会员注册、会员登录、密码修改及会员信息的删除等功能。首先创建数据库 ShopMember，同时定义用于存放会员信息的 userinfo 表，表结构代码如下。

```
drop table if exists userinfo;
create table userinfo(
userid int(11) not null auto_increment,
username varchar(50) default null,
userpwd char(10) default null,
phone char(11) default null,
email varchar(50) default null,
primary key(userid)
)engine=innodb default charset=utf8;
```

第 12 章

综合案例——学生信息管理系统

本章使用 Python 开发一个学生信息管理系统。该系统可以帮助教师快速录入学生的信息，对学生的信息进行基本的增、删、改、查操作；也可以对学生成绩进行排序，使教师随时掌握学生近期的学习状态；还可以实时地将学生的信息保存到磁盘文件中，方便查看。

12.1 需求分析

学生信息管理系统应具备以下功能。

- 添加学生及成绩信息。
- 将学生信息保存到文件中。
- 修改和删除学生信息。
- 查询学生信息。
- 根据学生成绩进行排序。
- 添加学生的分数。

12.2 系统设计

12.2.1 系统功能结构

学生信息管理系统的功能结构如图 12-1 所示。

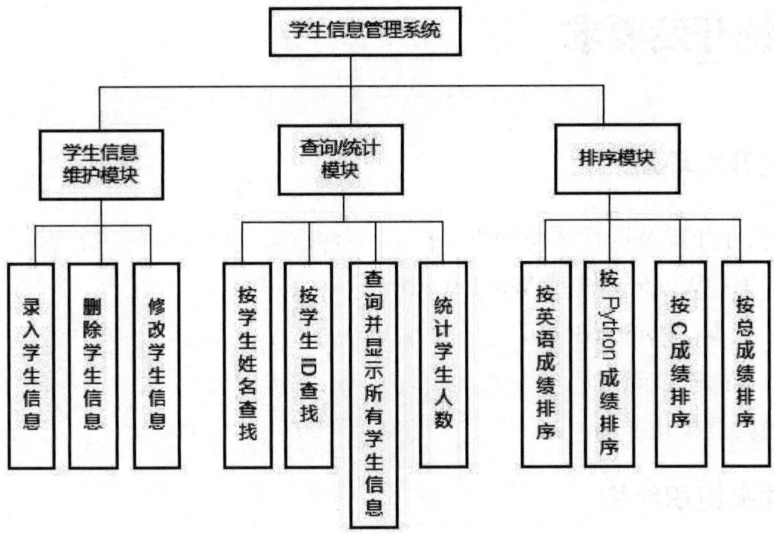

图 12-1　学生信息管理系统的功能结构

12.2.2　系统业务流程

在开发学生信息管理系统前，需要先了解软件的业务流程。根据学生信息管理系统的需求分析及功能结构，设计出如图 12-2 所示的系统业务流程。

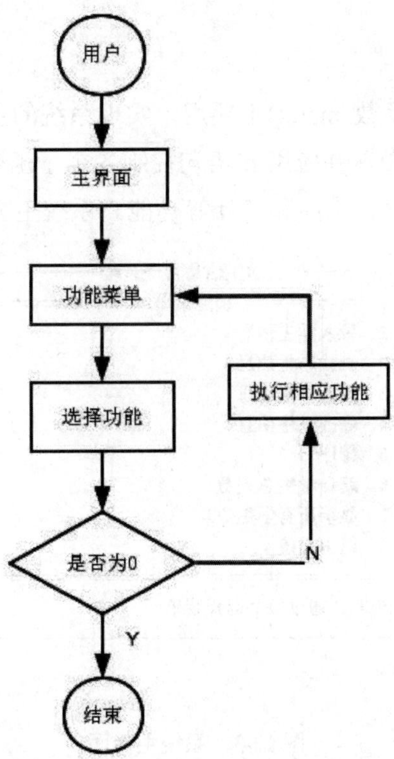

图 12-2　系统业务流程

12.3 系统开发要求

12.3.1 系统开发环境

本系统的软件开发及运行环境如下。

- 操作系统：Windows 7 或 Windows 10。
- Python 版本：Python 3.7.0。
- 开发工具：PyCharm。
- Python 内置模块：os、re。

12.3.2 文件夹组织结构

学生信息管理系统的文件夹组织结构比较简单，只包括一个 Python 文件。在运行程序时，会在项目的根目录下自动创建一个名称为 students.txt 的文件，用于保存学生信息。

12.4 主函数的设计

12.4.1 功能概述

学生信息管理系统的主函数 main()主要用于实现系统的主界面。主函数 main()主要是调用 menu()函数生成功能菜单，并应用 if 语句控制各个子函数的调用，从而实现对学生信息的录入、查询、显示、保存、排序和统计等功能。系统主界面如图 12-3 所示。

```
————————————学生信息管理系统————————————
|  ============ 功能菜单 ============   |
|  1  录入学生信息                       |
|  2  查找学生信息                       |
|  3  删除学生信息                       |
|  4  修改学生信息                       |
|  5  排序                               |
|  6  统计学生总人数                     |
|  7  显示所有学生信息                   |
|  0  退出系统                           |
|  ==================================   |
|  说明：通过数字选择菜单                |
—————————————————————————————————————

请选择：
```

图 12-3　系统主界面

12.4.2　主函数的业务流程

在设计学生信息管理系统的主函数前，先要梳理出它的业务流程和实现技术。根据学生信息管理系统主函数要实现的功能，可以画出如图 12-4 所示的业务流程。

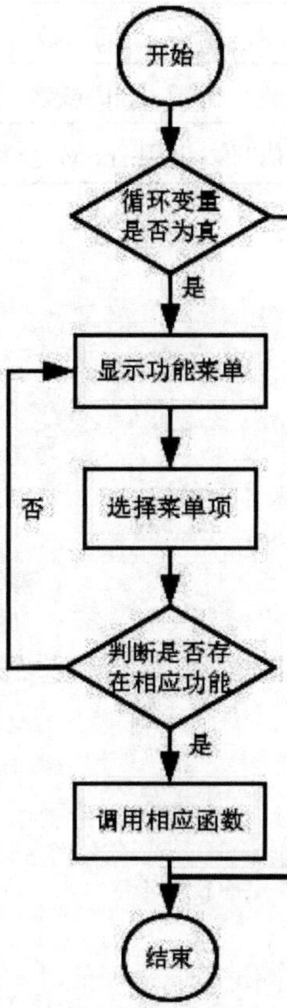

图 12-4　主函数业务流程

12.4.3　实现主函数

运行学生信息管理系统，进入功能菜单的选择界面(主界面)，用户可以根据需要输入功能对应的数字编号选择功能。在 menu()函数中主要使用 print()函数在控制台输出文字和特殊字符组成的功能菜单。当用户输入功能编号或选择相应的功能后，程序会根据用户输入的功能编号调用不同的函数，具体数字表示的功能如表 12-1 所示。

表 12-1　具体数字表示的功能

编号	功能
0	退出系统
1	录入学生信息，调用 insert()函数
2	查找学生信息，调用 search()函数

(续表)

编号	功能
3	删除学生信息，调用 delete()函数
4	修改学生信息，调用 modify()函数
5	对学生创建排序，调用 sort()函数
6	统计学生总人数，调用 total()函数
7	显示所有学生信息，调用 show()函数

主函数 main()的实现代码如下。

```
def main(self):
    # 输出菜单
    while True:
        self.menu()
        option = input("请选择: ")  # 选择菜单项
        option_str = re.sub("\D", "", option)  # 提取数字
        if option_str in ['0', '1', '2', '3', '4', '5', '6', '7']:
            option_int = int(option_str)
            if option_int == 0:  # 退出系统
                print('您已退出学生信息管理系统! ')
                exit()
            elif option_int == 1:  # 录入学生信息
                self.insert()
            elif option_int == 2:  # 查找学生信息
                self.search()
            elif option_int == 3:  # 删除学生信息
                self.delete()
            elif option_int == 4:  # 修改学生信息
                self.modify()
            elif option_int == 5:  # 排序
                self.sort()
            elif option_int == 6:  # 统计学生总人数
                self.total()
            elif option_int == 7:  # 显示所有学生人数
                self.show()
```

创建程序入口，然后调用主函数，代码如下。

```
if __name__ == '__main__':
    Student().main()
```

12.4.4　显示主菜单

在主函数 main()中，首先调用了 menu()函数，该函数用于显示功能菜单，它的具体代

码如下。

```
def menu(self):
    print('''
            ——————————学生信息管理系统——————————-
            |   ============ 功能菜单 ============    |
            |   1  录入学生信息                  |
            |   2  查找学生信息                  |
            |   3  删除学生信息                  |
            |   4  修改学生信息                  |
            |   5  排序                          |
            |   6  统计学生总人数                |
            |   7  显示所有学生信息              |
            |   0  退出系统                      |
            |   ===================================   |
            |   说明：通过数字选择菜单            |
            ————————————————————————————————————
            ''')
```

12.5 学生信息维护模块设计

12.5.1 学生信息维护模块概述

学生信息管理系统的学生信息维护模块用于维护学生的信息，主要包括录入学生信息、修改学生信息和删除学生信息，学生信息会被保存到磁盘文件。用户在主界面输入数字 1，选择“1 录入学生信息”菜单项，即可进入录入学生信息界面。在这里可以批量录入学生信息，并保存到磁盘文件中，如图 12-5 所示。

```
请选择：1
请输入ID(如 1001)：1001
请输入名字：李源
请输入英语成绩：90
请输入python成绩：95
请输入c语言成绩：89
是否继续添加？(y/n) ：y
请输入ID(如 1001)：1002
请输入名字：马鑫
请输入英语成绩：96
请输入python成绩：90
请输入c语言成绩：88
是否继续添加？(y/n) ：n
学生信息录入完毕!!!
```

图 12-5　录入学生信息

用户在主界面输入数字3，选择“3 删除学生信息”菜单项，即可进入删除学生信息界面。在这里可以根据学生 ID 从磁盘文件中删除指定的学生信息，如图 12-6 所示。

```
——————————学生信息管理系统——————————
|  ========== 功能菜单 ==========  |
|  1  录入学生信息                  |
|  2  查找学生信息                  |
|  3  删除学生信息                  |
|  4  修改学生信息                  |
|  5  排序                          |
|  6  统计学生总人数                |
|  7  显示所有学生信息              |
|  0  退出系统                      |
|  ==============================  |
|  说明：通过数字选择菜单           |
————————————————————————————————————

请选择：3
请输入要删除的学生ID：1004
ID为 1004 的学生信息已经被删除......
  ID       名字          英语成绩      Python成绩      c语言成绩      总成绩
 1001      李源            90             95             89            274
 1002      马鑫            96             90             88            274
 1003     梅星越           88             90             93            271
 1005     邓雨薇           89             96             90            275
是否继续删除？(y/n)：
```

图 12-6　删除指定的学生信息

用户在主界面输入数字 4，选择“4 修改学生信息”菜单项，即可进入修改学生信息界面。在这里可以根据学生 ID 修改指定的学生信息，如图 12-7 所示。

```
——————————学生信息管理系统——————————
|  ========== 功能菜单 ==========  |
|  1  录入学生信息                  |
|  2  查找学生信息                  |
|  3  删除学生信息                  |
|  4  修改学生信息                  |
|  5  排序                          |
|  6  统计学生总人数                |
|  7  显示所有学生信息              |
|  0  退出系统                      |
|  ==============================  |
|  说明：通过数字选择菜单           |
————————————————————————————————————

请选择：4
  ID       名字          英语成绩      Python成绩      c语言成绩      总成绩
 1001      李源            90             95             89            274
 1002      马鑫            96             90             88            274
 1003     梅星越           88             90             93            271
 1005     邓雨薇           89             96             90            275
请输入要修改的学生ID：1003
找到了这名学生，可以修改他的信息！
请输入姓名：梅星越
请输入英语成绩：90
请输入python成绩：90
请输入c语言成绩：93
修改成功！
是否继续修改其他学生信息？(y/n)：
```

图 12-7　修改指定的学生信息

12.5.2　实现录入学生信息功能

1. 功能概述

录入学生信息功能主要是获取用户在控制台上输入的学生信息，并且保存到磁盘文件中，从而达到永久保存的目的。在主界面中输入 1 并按<Enter>键，系统将分别提示输入的学生 ID、名字、英语成绩、Python 成绩和 C 语言成绩。输入正确的信息后，系统会询问是否继续添加，若输入“y”，则系统将会再次提示用户输入学生信息；若输入“n”，则系统将录入的学生信息保存到磁盘文件中。

2. 业务流程

在实现录入学生信息功能前，先要梳理出它的业务流程和实现技术，根据要实现的功能，可以画出如图 12-8 所示的业务流程。

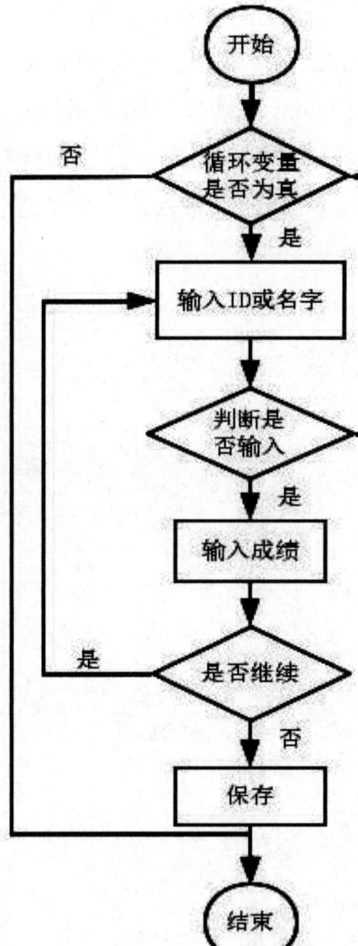

图 12-8　录入学生信息业务流程

3. 具体实现

(1) 编写一个向文件写入指定内容的函数，将其命名为save()，该函数有一个列表类型的参数，用于指定要写入的内容。save()函数的具体代码如下。

```
# 将学生信息保存到文件中
def save(self,student):
    try:
        # 以追加模式打开
        students_txt = open(filename, "a", encoding='utf8')
    except Exception as e:
        # 文件不存在，创建文件并打开
        students_txt = open(filename, "w", encoding='utf8')
        for info in student:
            students_txt.write(str(info) + "\n")   # 按行存储，添加换行符
        students_txt.close()   # 关闭文件
```

(2) 编写主函数中调用的录入学生信息的函数insert()。在该函数中，先定义一个保存学生信息的空列表，然后设置一个 while 循环，在该循环中通过 input()函数要求用户输入学生信息(包括 ID、名字、英语成绩、Python 成绩和 C 语言成绩)，如果这些内容都符合要求，则将它们保存到字典中，再将该字典添加到列表中，并且询问是否继续添加，如果不再添加，则结束 while 循环，并调用 save()函数，将录入的学生信息保存到文件中。insert()函数的具体代码如下。

```
def insert(self):
    studentList = []   # 保存学生信息的列表
    mark = True   # 是否继续添加
    while mark:
        id = input("请输入 ID(如 1001): ")
        if not id:   # ID 为空，跳出循环
            break
        name = input("请输入名字: ")
        if not name:   # 名字为空，跳出循环
            break
        try:
            english = int(input("请输入英语成绩: "))
            python = int(input("请输入 Python 成绩: "))
            c = int(input("请输入 c 语言成绩: "))
        except:
            print("输入无效，不是整型数值……重新录入信息")
            continue
        # 将输入的学生信息保存到字典
        student = {"id": id, "name": name, "english": english, "python": python, "C": c}
        studentList.append(student)   # 将学生字典添加到列表中
        inputMark = input("是否继续添加？ (y/n) : ")
```

```
            if inputMark == "y":   # 继续添加
                mark = True
            else:   # 不继续添加
                mark = False
        self.save(studentList)   # 将学生信息保存到文件
        print("学生信息录入完毕!!! ")
```

上面的代码中设置了一个标记变量 mark，用于控制是否退出循环。

(3) 执行录入学生信息后，将在项目的根目录中创建一个名称为 students.txt 的文件，该文件中保存着学生信息。例如，输入 2 条信息后，students.txt 文件的内容如下所示。

```
{'id': '1001', 'name': '李源', 'english': 90, 'python': 95, 'C': 89}
{'id': '1002', 'name': '马鑫', 'english': 96, 'python': 90, 'C': 88}
```

12.5.3　实现删除学生信息功能

1. 功能概述

删除学生信息功能主要是根据用户在控制台上输入的学生 ID，在磁盘文件中找到对应的学生信息，并将其删除。在主界面输入 3 并按<Enter>键，系统将提示输入要删除的学生 ID，输入相应的学生 ID 后，系统会直接从文件中删除该学生信息，并且提示是否继续删除，若输入“y”，则系统将会再次提示用户输入要删除的学生ID；若输入“n”，则退出删除功能。

2. 业务流程

在实现删除学生信息功能前，先要梳理出它的业务和实现技术，根据要实现的功能，可以画出如图 12-9 所示的业务流程。

3. 具体实现

编写主函数中调用的删除学生信息的函数 delete()。在该函数中，设置一个 while 循环，在该循环中首先通过 input()函数要求用户输入要删除的学生 ID，然后以只读模式打开保存学生信息的文件，并且读取其内容，保存到一个列表中，再以写模式打开保存学生信息的列表，将每个元素转换为字典，从而便于根据输入的学生 ID 判断是否为要删除的信息，如果不是要删除的信息，则将其重新写入文件。delete()函数的具体代码如下。

```
def delete(self):
    mark = True   # 标记是否循环
    while mark:
        studentId = input("请输入要删除的学生 ID: ")
        if studentId is not "":   # 判断是否输入了要删除的学生
```

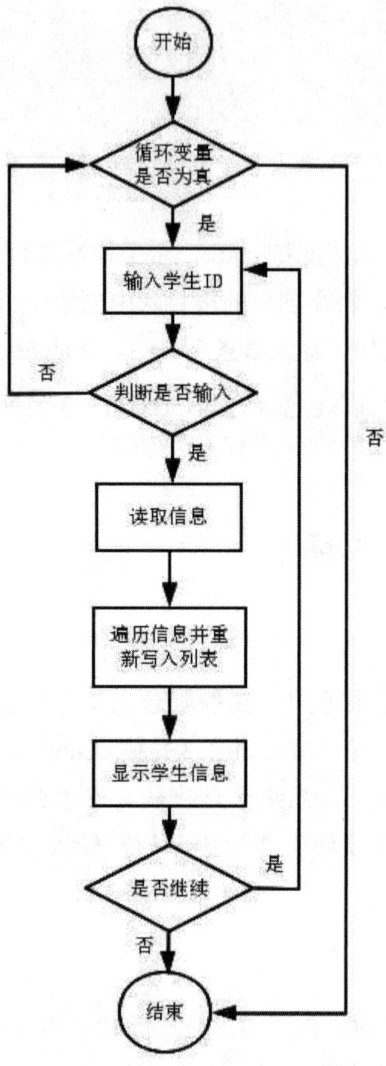

图 12-9　删除学生信息业务流程

```
if os.path.exists(filename):  # 判断文件是否存在
    with open(filename, 'r', encoding='utf8') as rfile:
        student_old = rfile.readlines()  # 读取全部内容
else:
    student_old = []
ifdel = False  # 标记是否删除
if student_old:  # 如果存在学生信息
    with open(filename, 'w', encoding='utf8') as wfile:
        d = {}  # 定义空字典
        for list in student_old:
            d = dict(eval(list))  # 字符串转字典
            if d['id'] != studentId:
                # 将一条学生信息写入文件
                wfile.write(str(d) + "\n")
```

```
                else:
                    ifdel = True  # 标记已经删除
            if ifdel:
                print("ID 为%s 的学生信息已经被删除……" % studentId)
            else:  # 不存在学生信息
                print("没有找到 ID 为%s 的学生信息……" % studentId)

        else:
            print("无学生信息……")
            break  # 退出循环
        self.show()  # 显示全部学生信息
        inputMark = input("是否继续删除？ (y/n) : ")
        if inputMark == "y":
            mark = True  # 继续删除
        else:
            mark = False  # 退出删除学生信息的功能
```

12.5.4　实现修改学生信息功能

1. 功能概述

修改学生信息功能是根据用户在控制台上输入的学生 ID，在磁盘文件中找到对应的学生信息，再对其进行修改。在主界面输入 4 并按<Enter>键，系统首先显示全部学生信息列表，再提示输入要修改的学生 ID，输入相应的学生 ID 后，系统会在文件中查找该学生信息，如果找到，则提示修改相应的信息，否则不修改，最后提示是否继续修改，若输入“y”，则系统将会再次提示用户输入要修改的学生 ID；若输入“n”，则退出修改功能。

2. 业务流程

在实现修改学生信息功能前，先要梳理出它的业务流程和实现技术。根据要实现的功能，可以画出如图 12-10 所示的业务流程。

3. 具体实现

编写主函数中调用的修改学生信息的函数 modify()。在该函数中，调用 show()函数显示全部学生信息，之后判断保存学生信息的文件是否存在，如果存在，则以只读模式打开文件，并读取全部学生信息保存到列表中，否则返回。然后提示用户输入要修改的学生 ID，并且以写模式打开文件。打开文件后，遍历保存学生信息的列表，将每个元素转换为字典，再根据输入的学生ID判断是否为要修改的信息，如果是要修改的信息，则提示用户输入新的信息，并保存到文件，否则直接将其写入文件。modify()函数的具体代码如下。

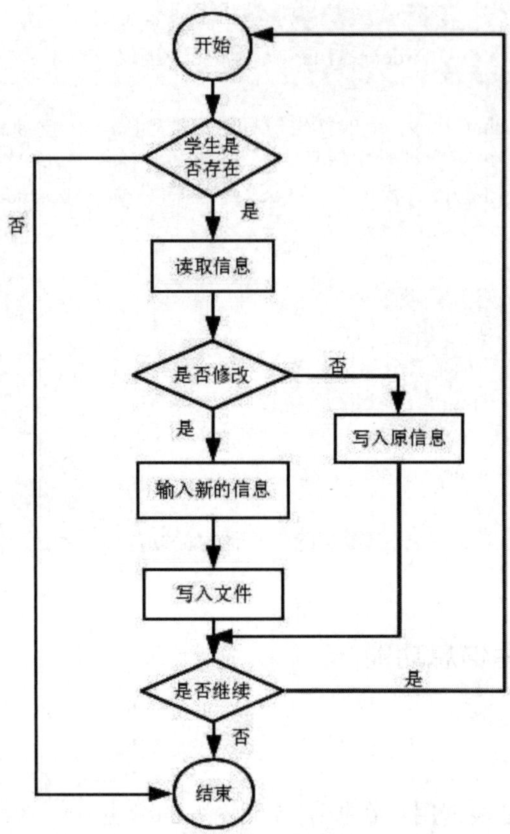

图 12-10　修改学生信息业务流程

```
def modify(self):
    self.show()  # 显示全部学生信息
    if os.path.exists(filename):  # 判断文件是否存在
        with open(filename, 'r',encoding='utf8') as rfile:  # 打开文件
            student_old = rfile.readlines()  # 读取全部内容
    else:
        return
    studentid = input("请输入要修改的学生 ID: ")
# 以写的模式打开文件
    with open(filename, 'w', encoding='utf8') as wfile:
        for student in student_old:
            d = dict(eval(student))  # 字符串转字典
            if d["id"] == studentid:  # 是否为要修改的学生
                print("找到了这名学生，可以修改他的信息! ")
                while True:  # 输入要修改的信息
                    try:
                        d["name"] = input("请输入姓名: ")
                        d["english"] = int(input("请输入英语成绩: "))
                        d["python"] = int(input("请输入 Python 成绩: "))
                        d["C"] = int(input("请输入 C 语言成绩: "))
                    except:
```

```
                    print("您的输入有误，请重新输入。")
                else:
                    break  # 跳出循环
            student = str(d)  # 将字典转换为字符串
            wfile.write(student + "\n")  # 将修改的信息写入文件
            print("修改成功! ")
        else:
            wfile.write(student)  # 将未修改的信息写入文件
mark = input("是否继续修改其他学生信息？ (y/n): ")
if mark == "y":
    self.modify()  # 重新执行该操作
```

12.6　查询/统计模块设计

12.6.1　查询/统计模块概述

在学生信息管理系统中，查询/统计模块用于查询和统计学生信息，主要包括根据学生 ID 或姓名查找学生信息、统计学生总人数和显示所有学生信息。在显示获取到的学生信息时，会自动计算该学生的总成绩。

用户在主界面中输入数字2，选择“2 查找学生信息”菜单项，即可进入查找学生信息界面。在这里可以根据学生 ID 或姓名查找学生信息，如图 12-11 所示。

```
——————————学生信息管理系统——————————
|  ========== 功能菜单 ==========  |
|  1  录入学生信息                  |
|  2  查找学生信息                  |
|  3  删除学生信息                  |
|  4  修改学生信息                  |
|  5  排序                          |
|  6  统计学生总人数                |
|  7  显示所有学生信息              |
|  0  退出系统                      |
|  ==============================  |
|  说明：通过数字选择菜单           |
————————————————————————————————————

请选择：2
按ID查输入1；按名字查输入2：1
请输入学生ID：1002
  ID      名字        英语成绩    Python成绩    c语言成绩    总成绩
 1002     马鑫          96           90           88          274
是否继续查询？(y/n) ：y
按ID查输入1；按名字查输入2：2
请输入学生姓名：李源
  ID      名字        英语成绩    Python成绩    c语言成绩    总成绩
 1001     李源          90           95           89          274
是否继续查询？(y/n) ：
```

图 12-11　查找学生信息

用户在主界面中输入数字 6，选择“6 统计学生总人数”菜单项，即可进入统计学生总人数界面。在这里可以统计并显示一共有多少名学生，如图 12-12 所示。

```
─────────────学生信息管理系统─────────────
|  ══════════ 功能菜单 ══════════  |
|  1  录入学生信息                  |
|  2  查找学生信息                  |
|  3  删除学生信息                  |
|  4  修改学生信息                  |
|  5  排序                          |
|  6  统计学生总人数                |
|  7  显示所有学生信息              |
|  0  退出系统                      |
|  ══════════════════════════════  |
|  说明：通过数字选择菜单           |
──────────────────────────────────────────

请选择：6
一共有 4 名学生！
```

图 12-12　统计学生总人数

用户在主界面中输入数字 7，选择“7 显示所有学生信息”菜单项，即可进入显示所有信息界面。在这里可以显示全部学生信息(包括学生的总成绩)，如图 12-13 所示。

```
─────────────学生信息管理系统─────────────
|  ══════════ 功能菜单 ══════════  |
|  1  录入学生信息                  |
|  2  查找学生信息                  |
|  3  删除学生信息                  |
|  4  修改学生信息                  |
|  5  排序                          |
|  6  统计学生总人数                |
|  7  显示所有学生信息              |
|  0  退出系统                      |
|  ══════════════════════════════  |
|  说明：通过数字选择菜单           |
──────────────────────────────────────────

请选择：7
  ID      名字      英语成绩   Python成绩   c语言成绩   总成绩
 1001     李源         90          95           89        274
 1002     马鑫         96          90           88        274
 1003    梅星越        90          90           93        273
 1005    邓雨薇        89          96           90        275
```

图 12-13　显示所有学生信息

12.6.2　实现查找学生信息功能

1. 功能概述

查找学生信息功能主要是根据用户在控制台上输入的学生 ID 或姓名，在磁盘文件中找到对应的学生信息。在主界面输入 2 并按<Enter>键，系统将要求用户选择是按学生 ID 查询还是按学生姓名查询；如果用户输入 1，则要求用户输入想要查询的学生 ID。系统查找该学生信息，如果找到则显示；否则显示“(o@.@o)无数据信息(o@.@o)”。最后提示是否继续查询，若输入“y”，则系统将再次提示用户选择查找方式；若输入“n”，则退出查找学生信息功能。

2. 业务流程

在实现查找学生信息功能前，先要梳理出它的业务流程和实现技术，根据要实现的功能，可以画出如图 12-14 所示的业务流程。

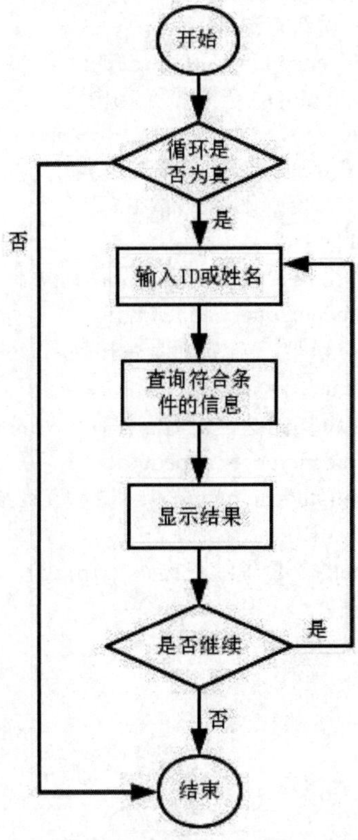

图 12-14　查找学生信息业务流程

3. 具体实现

编写主函数中调用的查找学生信息的函数 search()。在该函数中，设置一个循环，该循环先判断保存学生信息的文件是否存在，如果不存在，则给出提示并返回，否则提示用户选择查询方式，再根据选择的方式，在保存学生信息的文件中查找对应的学生信息，并且调用 show_student()函数显示查询结果。search()函数的具体代码如下。

```
def search(self):
    mark = True
```

```
        student_query = []  # 保存查询结果的学生列表
        while mark:
            id = ""
            name = ""
            if os.path.exists(filename):  # 判断文件是否存在
                mode = input("按 ID 查输入 1; 按名字查输入 2: ")
                if mode == "1":  # 按学生 ID 查询
                    id = input("请输入学生 ID: ")
                elif mode == "2":  # 按学生姓名查询
                    name = input("请输入学生姓名: ")
                else:
                    print("您的输入有误，请重新输入! ")
                    self.search()  # 重新查询
                with open(filename, 'r', encoding='utf8') as file:  # 打开文件
                    student = file.readlines()  # 读取全部内容
                    for list in student:
                        d = dict(eval(list))  # 字符串转字典
                        if id is not "":  # 判断是否按 ID 查询
                            if d['id'] == id:
                                # 将找到的学生信息保存到列表中
                                student_query.append(d)
                        elif name is not "":  # 判断是否按姓名查询
                            if d['name'] == name:
                                # 将找到的学生信息保存到列表中
                                student_query.append(d)
                    self.show_student(student_query)  # 显示查询结果
                    student_query.clear()  # 清空列表
                    inputMark = input("是否继续查询？ (y/n) : ")
                    if inputMark == "y":
                        mark = True
                    else:
                        mark = False
            else:
                print("暂未保存数据信息……")
                return
```

上面的代码调用了函数 show_student()，用于将获取的列表按指定的格式显示出来。代码如下。

```
    def show_student(self,studentList):
        if not studentList:  # 如果没有要显示的数据
            print("(o@ . @o) 无数据信息 (o@ . @o) \n")
            return
        # 定义标题显示格式
        format_title = "{:^6}{:^12}\t{:^10}\t{:^10}\t{:^10}\t{:^7}"
        print(format_title.format("ID", "名字", "英语成绩", "Python 成绩", "C 语言成绩", "总成绩"))  # 按
                                指定格式显示标题
        # 定义具体内容显示格式
```

```
format_data = "{:^6}{:^12}\t{:^12}\t{:^10}\t{:^18}\t{:^10}"
for info in studentList:   # 通过 for 循环将列表中的数据全部显示出来
    print(format_data.format(info.get("id"), info.get("name"),
                str(info.get("english")), str(info.get("python")),
                str(info.get("C")),str(info.get("english", 0) + info.get("python", 0) + info.get("C",
                        0)).center(12)))
```

上面的代码使用了字符串的 format()方法对其进行格式化。在指定字符串的显示格式时，数字表示所占宽度；符号“^”表示居中显示；“\t”表示添加一个制表符。

12.6.3　实现统计学生总人数功能

1. 功能概述

统计学生总人数功能主要是统计学生信息文件保存的学生信息个数。在主界面输入 6，选择“6 统计学生总人数”菜单项并按<Enter>键，系统将自动统计出学生总人数并显示。

2. 业务流程

在实现统计学生总人数功能前，先要梳理出它的业务流程和实现技术，根据要实现的功能，可以画出如图 12-15 所示的业务流程。

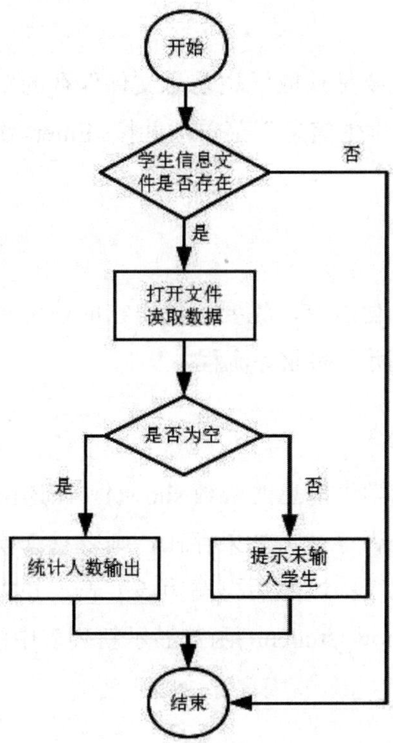

图 12-15　统计学生总人数业务流程

3. 具体实现

编写主函数中调用的统计学生总人数的函数 total()。在该函数中，添加一个 if 语句，用于判断保存学生信息的文件是否存在，如果存在，则以只读的模式打开该文件，并读取该文件的全部内容后保存到一个列表中，然后再应用 len()函数统计该列表的元素个数，即可得到学生的总人数。total()函数的具体代码如下。

```
def total(self):
    if os.path.exists(filename):
        with open(filename, 'r', encoding='utf8') as rfile:
            student_old = rfile.readlines()
            if student_old:
                # 统计学生人数
                print("一共有 %d 名学生! " % len(student_old))
            else:
                print("还没有录入学生信息! ")
    else:
        print("暂未保存数据信息……")
```

12.6.4 实现显示所有学生信息功能

1. 功能概述

显示所有学生信息功能主要是获取学生信息文件保存的全部学生信息并显示。在主界面输入 7，选择“7 显示所有学生信息”菜单项并按<Enter>键，系统将获取并显示全部学生信息。

2. 业务流程

在实现显示所有学生信息功能前，先要梳理出它的业务流程和实现技术，根据要实现的功能，可以画出如图 12-16 所示的业务流程。

3. 具体实现

编写主函数中调用的展示学生信息的函数 show()。在该函数中，添加一个 if 语句，用于判断保存学生信息的文件是否存在，如果存在，则以只读模式打开该文件，并读取该文件的全部内容后保存到一个列表中，然后再遍历该列表，并将其元素转换为字典，再添加到一个新列表中，最后调用 show_student()函数显示新列表中的信息。show()函数的具体代码如下。

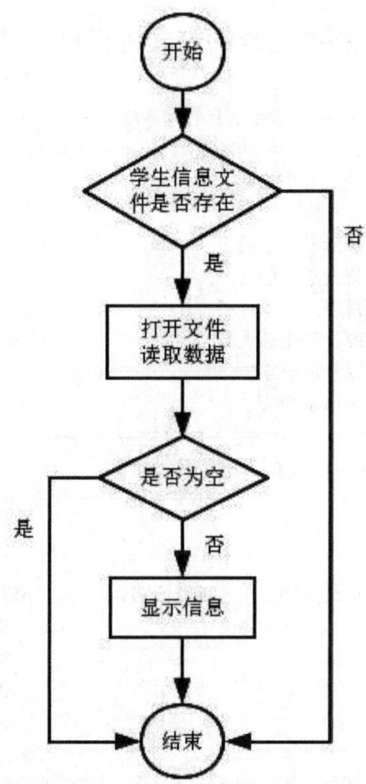

图 12-16　显示学生信息业务流程

```
def show(self):
    student_new = []
    if os.path.exists(filename):
        with open(filename, 'r', encoding='utf8') as rfile:
student_old = rfile.readlines()
            for list in student_old:
                student_new.append(eval(list))
            if student_new:
                self.show_student(student_new)
    else:
            print("暂未保存数据信息……")
```

12.7　排序模块设计

12.7.1　排序模块概述

在学生信息管理系统中，排序模块用于对学生信息按成绩进行排序，主要包括按英语成绩、Python 成绩、C 语言成绩和总成绩升序或降序排序。用户在主界面中输入数字 5，选择“5 排序”菜单项，即可进入排序界面。在这里，系统先按录入顺序显示学生信息(不排序)，然后要求用户选择排序方式，再根据选择的方式进行排序显示，如图 12-17 所示。

```
————————学生信息管理系统————————
|    ========== 功能菜单 ==========    |
|    1  录入学生信息                    |
|    2  查找学生信息                    |
|    3  删除学生信息                    |
|    4  修改学生信息                    |
|    5  排序                            |
|    6  统计学生总人数                  |
|    7  显示所有学生信息                |
|    0  退出系统                        |
|    ==============================    |
|    说明：通过数字选择菜单              |
————————————————————————————————

请选择：5
  ID      名字        英语成绩    Python成绩    c语言成绩     总成绩
 1001     李源          90          95           89          274
 1002     马鑫          96          90           88          274
 1003    梅星越         90          90           93          273
 1005    邓雨薇         89          96           90          275
请选择(0升序；1降序)：1
请选择排序方式(1按英语成绩排序；2按Python成绩排序；3按C语言成绩排序；0按总成绩排序)：0
  ID      名字        英语成绩    Python成绩    c语言成绩     总成绩
 1005    邓雨薇         89          96           90          275
 1001     李源          90          95           89          274
 1002     马鑫          96          90           88          274
 1003    梅星越         90          90           93          273
```

图 12-17　按总成绩降序排列

12.7.2　实现按学生成绩排序

1. 功能概述

按学生成绩排序功能主要是将学生信息按英语成绩、Python 成绩、C 语言成绩和总成绩升序或降序排列。用户在主界面中输入 5 并按<Enter>键，系统将先显示不排序的全部学生信息，然后提示选择排序方式，假设输入 2，再选择降序排列，则系统将学生信息按 Python 成绩降序排列并显示。

2. 业务流程

在实现按学生成绩排序功能前，先要梳理出它的业务流程和实现技术，根据要实现的功能，可以画出如图 12-18 所示的业务流程。

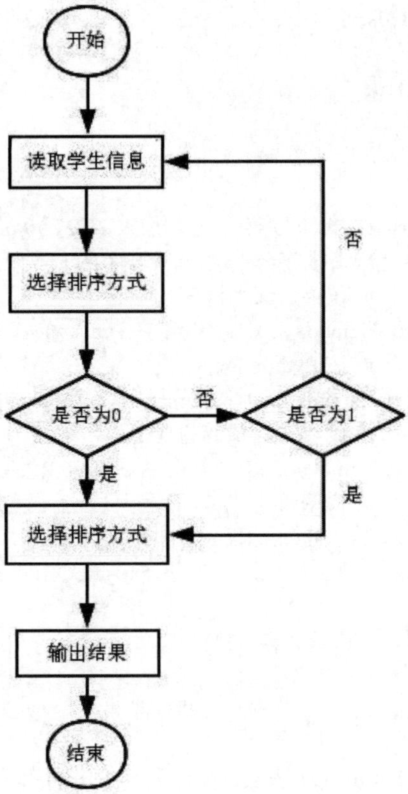

图 12-18　学生成绩排序业务流程

3. 具体实现

编写主函数中调用的排序函数 sort()。在该函数中，首先判断保存学生信息的文件是否存在，如果存在，则打开该文件读取全部学生信息，并将每一名学生的信息转换为字典保存到一个新的列表中，然后获取用户输入的排序方式，再根据选择结果进行相应的排序，最后调用 show_student()函数显示排序结果。sort()函数的具体代码如下。

```
def sort(self):
    self.show()                                              # 显示全部学生信息
    if os.path.exists(filename):                             # 判断文件是否存在
        with open(filename, 'r', encoding='utf8') as file:   # 打开文件
            student_old = file.readlines()                   # 读取全部内容
            student_new = []
        for list in student_old:
            d = dict(eval(list))                             # 字符串转字典
            student_new.append(d)                            # 将转换后的字典添加到列表中
    else:
        return
    ascORdesc = input("请选择(0 升序; 1 降序): ")
    if ascORdesc == "0":                                     # 按升序排序
```

```
        ascORdescBool = False
    elif ascORdesc == "1":                                # 按降序排序
        ascORdescBool = True
    else:
        print("您的输入有误，请重新输入！")
        self.sort()
    mode = input("请选择排序方式(1 按英语成绩排序; 2 按 Python 成绩排序;
                3 按 C 语言成绩排序; 0 按总成绩排序): ")
    if mode == "1":           # 按英语成绩排序
        student_new.sort(key=lambda x: x["english"], reverse=ascORdescBool)
    elif mode == "2":         # 按 Python 成绩排序
        student_new.sort(key=lambda x: x["python"], reverse=ascORdescBool)
    elif mode == "3":         # 按 C 语言成绩排序
        student_new.sort(key=lambda x: x["C"], reverse=ascORdescBool)
    elif mode == "0":         # 按总成绩排序
        student_new.sort(key=lambda x: x["english"] + x["python"] +
                                   x["C"], reverse=ascORdescBool)
    else:
        print("您的输入有误，请重新输入！")
        self.sort()
    self.show_student(student_new)      # 显示排序结果
```

上面的代码调用列表的 sort()方法实现排序，在进行排序时，通过 lambda 表达式指定了排序的规则。